孟老師的
甜派與鹹派

孟兆慶◎著

一片派皮配上各式美味餡料，就對了！

你所認知的「派」有哪些產品？

我曾經多次對許多人提出這樣的問題。

沒想到，幾乎所有的回答者都會說：「有蘋果派、波士頓派、南瓜派……」然後，支支吾吾的再也說不出了。而說到「鹹派」時，曾經有不少人會立刻質疑：「派，還能做鹹口味呀？」可見，「派」對多數人來說，所知很有限，為何有此現象呢？難不成是坊間所販售的商品，一直以來就那麼幾樣，而導致消費者對於「派」的印象是狹隘的，很難想像派的豐富性或變化性？

事實上比起過去，「派」的種類、口味與樣式已豐富不少，觀察發現，許多現代化的糕餅店肯定會販售幾道所謂的法式甜派（塔），例如：洋梨杏仁派、檸檬派、杏桃派、巧克力派及各式堅果派……等；甚至也出現了「鹹派」專賣店，讓許多消費者趨之若鶩，抱著嚐鮮心態，點一塊鹹派當成正餐或點心，頗受好評。正因如此，我才會說：「嗯！出一本有關派的食譜書，是時候了！」

食譜製作時，同樣是派皮加派餡的動作，卻可甜可鹹，這在一般中、西式糕點中是少見的；無庸置疑，甜派具備甜點的角色，搭配咖啡或紅茶，是天經地義的品嚐方式。而鹹派完成上桌後，逼人的香氣、溫熱的口感，會迫不及待地佐以白酒，真是絕無僅有的幸福經驗。這讓我想起去年秋天的巴黎行，堪稱「鹹派之旅」，刻意觀察Quiche（鹹派）的口味，每天一定要找個機會與鹹派相遇，既滿足又能填飽肚子，因此，本書中的鹹派無疑是集結巴黎的鹹派滋味。

另外想說的是，東京知名的水果派專賣店「Quil-fait-bon」對我出書一事，更是具有啟發性，每次走訪東京，即便已對這家產品如數家珍，但總會刻意地去店內瞧一瞧，因為整個冷藏櫃的各式水果派，吸睛的五顏六色，極盡的賞心悅目，太誘人了！於是想了數年之後，終於有朝一日能將一道道「甜派」付諸於圖文，與廣大讀者分享。

書中開宗明義說到，「派」（Pie）就是有「皮」有「餡」的一種食物，將餡料舖在麵皮上一起烘烤，呈現皮、餡合一的成品，多層次的口感，激盪出無與倫比的滋味；在此，姑且不論許多人對「派」與「塔」的定義為何，反正，一片派皮配上各式美味餡料，延伸成無限可能的甜派與鹹派就對了。

孟兆慶

Contents
目錄

甜派

卡士達草莓派
42

洋梨杏仁派
44

焦糖蘋果千層派
46

香蕉巧克力派
48

塔丁反扣蘋果派
50

藍莓起士派
52

紅酒洋梨派
54

白乳酪櫻桃派
56

檸檬派
58

蘭姆葡萄派
60

櫻桃夾心派
62

乳加核桃派
64

夏威夷果仁派
66

覆盆子起士派
68

卡士達綜合水果派
70

原味優格葡萄派
72

香滑哈密瓜派
74

香酥乾果派
76

南瓜派
78

輕乳酪蜜李派
80

太妃堅果派
82

生巧克力派
84

香栗杏仁派
86

果香藍莓派
88

超濃松露起士派
90

李子派
92

芒果乳酪水果派
94

咖啡可可派
96

焦糖香蕉派
98

椰香芋頭派
100

黑芝麻派
102

杏桃派
104

克拉夫蒂派
106

蘋果奶酥派
108

鹹 派

洛林鹹派
122

瑪格麗特鹹派
130

雙菇洋蔥鹹派
138

菠菜洋菇鹹派
124

南瓜山藥鹹派
132

綜合海鮮鹹派
140

鳳梨蝦仁鹹派
126

青花菜鮮美鹹派
134

薯泥培根鹹派
142

白醬雞肉鹹派
128

香濃蔬菜粒鹹派
136

紅酒牛肉鹹派
144

綜合蔬菜鹹派
146

番茄牛肉鹹派
156

白蘆筍南瓜鹹派
166

四季豆干貝鹹派
148

鯷魚番茄鹹派
158

甜椒鯷魚鹹派
168

新鮮鮭魚鹹派
150

沙丁魚黑橄欖鹹派
160

蝦夷蔥起士鹹派
170

通心麵鹹派
152

酪梨蝦仁鹹派
162

珍珠洋蔥鹹派
172

節瓜鹹派
154

咖哩雞肉鹹派
164

甜派 & 鹹派

…… 千變萬化的美味

　　簡單來說，「派」（Pie）就是有「皮」有「餡」的一種食物，將餡料鋪在麵皮上一起烘烤，呈現皮、餡合一的成品；但這樣的認定似乎有些衝突，很多人提到「派」，會立刻聯想到軟綿綿夾著鮮奶油的「波士頓派」，或是三層酥脆餅皮夾著卡士達的「千層酥派」（Mille-Feuille），而這兩項產品完全違背派的定義。

　　另外的質疑則是「派」與「塔」（Tart）的區別。有人認為尺寸較大的稱為「派」，較小的則是「塔」，或是以鹹、甜口味來冠上派與塔的稱呼。然而，有很多美式的蘋果派（Apple Pie）或南瓜派（Pumpkin Pie）等都是甜派，而在法國更可頻繁見到各式「水果塔」，卻呈現大尺寸的外觀。

　　事實上，以諸多的水果、乾果、蔬菜、肉類、海鮮及巧克力……等製成的「派」，均能讓人領略皮與餡的組合美味；無論製成單皮派還是雙皮派，也不管地域上的不同稱呼，無庸置疑，甜與鹹均能在「派」上大做文章，讓人盡享不同的味蕾體驗。

製作流程

派皮＋派餡＝甜派 or 鹹派

　　皮與餡，應該是皮先做、餡後做，還是必須先準備餡料，最後再和麵糰、擀派皮……？
其實，不同功能的皮與餡，可依個人製作上的方便性來安排順序，但必須掌握皮與餡組合時的相
關細節。

　　因此，以下的製作流程，可清楚看出從開始到成品完成的動作，而其中的「派皮製作」與
「餡料製作」，順序可調換。

準備派盤
↓
確認材料用量
↓
派皮製作 ➡ 麵糰鬆弛 ➡ 擀派皮 ➡ 派皮鋪盤 ➡ 烤箱預熱 ➡ 派皮預烤
↓
餡料製作 ➡ 食材處理 ➡ 確認烤箱已預熱
↓
皮與餡組合 ➡ 完成，甜派的熟派皮＋熟派餡（如p.42「卡士達草莓派」）
↓
烘烤
↓
完成 ➡ 另加餡料（如p.96「咖啡可可派」）

確認材料用量→換算

依據派盤大小來準備派皮及派餡的材料用量，以p.12不同派盤的容量，來換算各個派盤的材料用量；但派皮製作的厚薄度及烘烤後的縮小程度，都是影響派皮用量及派餡容量的變數，因此換算用量，僅做備料參考。

確認容量方式

將保鮮膜鋪在活動派盤內，再注入清水至十分滿，儘量將保鮮膜緊密貼住派盤，即可秤出較正確的容量；固定派盤則不需鋪保鮮膜，直接注入清水秤量即可。

例如：大派盤換成小派盤（9吋活動派盤→7吋活動派盤）

9吋活動派盤容量：900 C.C.（克）

7吋活動派盤容量：700 C.C.（克）

700 C.C. ÷ 900 C.C. ＝ 0.78

表示7吋活動派盤的材料用量為9吋活動派盤的78%

則將9吋的所有用量都乘以0.78，即等於7吋的用量

例如：小派盤換成大派盤（7吋活動派盤→9吋活動派盤）

則將7吋的所有用量都除以0.78

秤料方式

為了製作上的效率，秤料時可將同屬性的材料秤在同一容器內；如使用電子秤（量少時則用標準量匙）時，每秤好一項材料後，將數字歸零，接著將另一項材料秤在一起，舉例如下：

低筋麵粉 糖粉 鹽	動物性鮮奶油 牛奶	低筋麵粉 糖粉	全蛋 蛋黃	洋蔥丁 大蒜末
低筋麵粉 無糖可可粉	檸檬汁 檸檬皮屑	全蛋 冷水	鹽 黑胡椒粉 荳蔻粉	
	蛋黃 牛奶	鹽 黑胡椒粉		

準備派盤

不論製作甜派或鹹派，都可依據個人的喜好或需求，選用不同造型、尺寸的各式派盤，但讀者們在備料製作前，首先必須確認派盤的大小與材料用量。

以下是書中所用的派盤，直徑、長度及寬度的公分數是指內徑的尺寸。

9吋活動派盤

高：2.6 公分

24 公分

22.1 公分

容量：900 C.C.（克）

7吋活動派盤

高：2.6 公分

20 公分

18.1 公分

容量：700 C.C.（克）

8吋高模活動派盤

高：4.6 公分

22.5 公分

20 公分

容量：1350 C.C.（克）

8吋斜邊派盤

高：2.8 公分

20.3 公分

16.1 公分

容量：730 C.C.（克）

8 吋高模活動派盤比一般的 9 吋活動派盤高度高約 2 公分

心型活動派盤

高：2.5 公分

18.5 公分

左右最寬處：20.3 公分

上下：15 公分（14 公分）
容量：500 C.C.（克）

長方形活動派盤

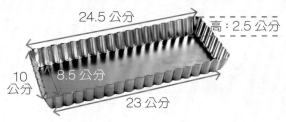

24.5 公分

高：2.5 公分

10 公分

8.5 公分

23 公分

容量：480 C.C.（克）

正方形活動派盤

高：2.5 公分

21 公分

19 公分

容量：900 C.C.（克）

花型活動派盤

高：2.6 公分

21.5 公分

20.5 公分

容量：750 C.C.（克）

7吋平底鍋

高：3 公分

20 公分

18.5 公分

容量：850 C.C.（克）

7吋蛋糕烤模

高：5 公分

20 公分

17 公分

容量：1160 C.C.（克）

派皮製作  參見DVD示範

　　製作美味的甜派及鹹派，除了要準備新鮮可口的餡料外，派皮的好壞也會影響整體的風味與品質；恰到好處的酥脆度，與適當的派皮厚度，絕對是必須掌握的製作要件。如果派皮質地太酥，組織過於鬆散，那麼在切割或品嚐時，派皮易呈碎屑狀，則無法達到皮餡合一的融合口感；而過硬的派皮，則與柔軟、滑順或酥鬆的派餡難以匹配。

　　擀製派皮時，麵糰厚度也須掌握好，太薄的派皮麵糰，在烘烤加熱時，容易發生龜裂現象；反之，太厚的派皮，則無法表現成品應有的細緻度，當然，也會影響口感囉！

更換派皮

　　以下的甜派皮及鹹派皮，都是書中食譜所應用的派皮，雖然含有 3 種甜派皮，但甜派內的食譜所使用的派皮種類，讀者們可依據個人的喜好或製作的熟練度，任意更換派皮，例如：p.60「蘭姆葡萄派」的脆酥甜派皮，也可換成油酥甜派皮，或是 p.50「塔丁反扣蘋果派」的簡易千層派皮，也可為了快速製作，改用油酥甜派皮或脆酥甜派皮。

　　除了以下基本的 3 種甜派皮外，也可將用料另加可可粉或杏仁粉，而變化出各式加味的派皮。

　　事實上，派皮的用料無非就是糖、油、蛋、粉，然而因為製程的不同，卻呈現口感的差異性；但無論何種派皮，都非常容易製作。

甜派皮

油酥甜派皮→「粉、油拌合」法

製作方式：（粉＋油）＋液體（蛋黃＋牛奶）
口感特性：微甜、化口性佳、具酥鬆度

材料

材料	份量
低筋麵粉	160 克
糖粉	30 克
鹽	1/4 小匙
無鹽奶油	80 克
蛋黃	20 克
牛奶	20 克

派皮製作

1. 低筋麵粉、糖粉及鹽一起過篩至較大的容器內（可方便搓揉的大小），成為「混合的粉料」。

2. 無鹽奶油稍微切成小塊，倒在粉料上。

3. 用小刮板先將奶油塊與粉料混合切割。

4. 接著再用雙手輕輕地搓揉，直到粉料與奶油搓成不規則的「粉粒」。

5. 蛋黃與牛奶（秤在同一容器內）攪成均勻的「混合液」。

6. 將「混合液」全部倒入做法4的「粉粒」內。

7. 利用小刮板從容器底部往上翻攪，將「混合液」及「粉粒」均勻地混合。

8. 當濕性的「混合液」完全融入「粉粒」中時，再用橡皮刮刀（或小刮板）將鬆散的粉糰壓成完整的麵糰。

9. 也可直接用手將乾、濕材料抓成均勻的麵糰，注意不要過度搓揉，以免麵糰出筋，而造成烘烤時派皮會過度收縮。

10. 將麵糰放在保鮮膜上，再用手壓平並包妥，冷藏鬆弛至少30分鐘以上。

用攪拌機製作

如利用桌上型攪拌機製作，則必須用槳狀式的攪拌器，同樣先將低筋麵粉、糖粉、鹽及奶油以慢速攪拌，成為不規則的小粉粒即可，接著將液體材料（蛋黃＋牛奶）倒入，稍微攪成一坨坨的麵糰即可停止，接著再用手抓成完整麵糰，千萬別過度攪拌，以免麵糰出筋。

脆酥甜派皮 → 「糖、油拌合」法

製作方式：（糖＋油）＋液體（蛋液）＋麵粉
口感特性：微甜、酥鬆中帶有一點脆度

材料

無鹽奶油	80 克
糖粉	35 克
鹽	1/4 小匙
全蛋	35 克
低筋麵粉	165 克

派皮製作

1. 無鹽奶油秤好所需用量，放在室溫下軟化。

2. 將軟化的奶油、糖粉及鹽，放入一個較大的容器內（可方便攪打）。

3. 用電動攪拌機（分量少，可用攪拌器），由慢而快，將油、糖攪打成均勻的奶油糊。

4. 全蛋液（蛋白＋蛋黃混合攪散後，再秤出用量）以少量多次方式，慢慢倒入上述的奶油糊中，倒入時必須用快速攪打。

5. 持續快速攪打後，只要奶油糊與蛋液混勻即可。

6. 將低筋麵粉直接篩入做法5的奶油糊內。

7. 用橡皮刮刀以不規則方向混合乾（粉）、濕（奶油糊）材料。

8. 只要將乾（粉）、濕（奶油糊）材料混合成糰即可。

9. 也可直接用手將乾（粉）、濕（奶油糊）材料抓成均勻的麵糰，注意不要過度搓揉，以免麵糰出筋，而造成烘烤時，派皮會過度收縮。

10. 將麵糰放在保鮮膜上，再用手壓平並包妥，冷藏鬆弛至少30分鐘以上。

簡易千層派皮→「油、粉拌合」摺疊法

製作方式：（粉＋糖＋油）＋冰水
口感特性：微甜、酥鬆中稍有層次的酥脆度

材料

低筋麵粉	160 克
糖粉	10 克
鹽	1/4 小匙
無鹽奶油	100 克
冰水	70 克

派皮製作

1. 低筋麵粉、糖粉及鹽一起篩入一個較大的容器內（可方便搓揉）。

2. 無鹽奶油秤好後不要回溫變軟，直接切成小塊。

3. 將奶油塊倒在粉料上。

4. 用小刮板先將粉料蓋住奶油塊。

5. 繼續用小刮板不停地切割粉堆裡的奶油塊，儘量不要讓奶油暴露在粉堆表面。

6. 奶油粒與粉料大致混合即可。

7. 將冰水沖入奶油粉堆裡。

8. 再用小刮板從容器底部往上翻攪，將奶油粉料儘快蓋住水分，當乾（粉料）、濕（水）材料均勻地混合即可。

9. 最後用小刮板將混合後的乾（粉料）、濕（水）材料，重疊壓成糰狀，儘量保持奶油不要融化，以免影響口感的酥鬆度。

10. 壓好的麵糰呈現凹凸狀質地，仍可見到奶油粒。

11. 將麵糰放在保鮮膜上，再用手壓平整成長方形，包妥後冷藏鬆弛至少1小時以上。

接下頁的「派皮摺擀」……

派皮摺擀 → 共 3 次

接上述做法11，麵糰鬆弛後開始摺擀……

1. **第一次摺擀**：工作台上均勻地撒上麵粉（最好是高筋麵粉）。

2. 將冷藏鬆弛過的麵糰，放在撒了麵粉的工作台上。

3. 在麵糰上均勻地撒上麵粉，以防止沾黏。

4. 從麵糰1/2處分別往上、下方擀壓，擀成長方形麵皮。

5. 力道必須控制好，以掌握麵皮的厚度。

6. 可用大刮板將麵皮四周輕輕地推齊，麵皮較工整。

7. 擀皮時要隨時注意麵皮底部，如有沾黏必須撒粉。

8. 擀成厚約 0.3～0.4 公分，將麵皮的 1/3 處向內摺。

9. 麵皮上如有多餘的麵粉，必須用刷子清除。

10. 再將另一邊向內摺，即成工整的長方形麵糰。

11. 最後再將麵皮上多餘的麵粉清除。

12. 將長方形麵糰放在保鮮膜上，包妥後冷藏鬆弛至少2～3小時以上。

13. **第二次摺擀**：冷藏鬆弛過的麵糰，開口朝上下，放在撒了麵粉的工作台上。

14. 重複做法3~8，將麵糰擀成厚約0.3~0.4公分，將麵皮的1/3處向內摺。

15. 重複做法9~12，將長方形麵糰包在保鮮膜內，冷藏鬆弛至少2~3小時以上。

16. **第三次摺擀**：重複做法1~12，將麵糰擀好，摺成長方形麵糰，包在保鮮膜內，冷藏鬆弛至少2~3小時以上。

17. 經過三次摺擀並鬆弛後，質地非常細緻，即可開始擀成適當厚度，舖在烤盤上，後續做法請看p.21的「擀派皮＋派皮舖盤」。

「簡易千層派皮」做法較簡單，就是將麵粉與奶油粒混合，並加入適量的冰水輕輕地搓揉成糰，再利用三次摺擀的方式，產生酥鬆效果。另外像是麵糰包裹融點較高的大片油脂，擀平後同樣摺擀三次，而產生層次分明的效果，與前者相較下，口感更加酥脆，但製作上比較困難。

鹹派皮

油酥鹹派皮→「油、粉拌合」法

製作方式：（粉＋油）＋液體（蛋液＋冷水）
口感特性：與油酥甜派皮口感一樣，但略具鹹度

材料

低筋麵粉　150 克
鹽　　　　1/4 小匙
無鹽奶油　65 克
全蛋　　　30 克
冷水　　　20 克

派皮製作

1. 與 p.14「油酥甜派皮」的做法完全相同，只是材料中不放糖粉，液體材料改成全蛋＋冷水。
2. 請參考 p.14 做法 1~10。

派皮的麵糰為何要鬆弛？

無論何種派皮的麵糰，都是麵粉加液體材料（蛋液、水分或是牛奶）混合而成，在搓揉混合過程中，易產生不同程度的筋性；同時所有不同屬性的材料，在混合初期，尚未達到完整的聚合效果，因此必須藉由冷藏鬆弛，使得麵糰內的材料確實黏合，以達到穩定的麵糰質地，如此則有利於麵糰的擀製，同時避免烘烤時劇烈收縮。

擀派皮＋派皮舖盤

　　當麵糰鬆弛後，即可開始擀製派皮，無論使用何種型式的派盤，其派皮舖盤方式完全相同；以下有兩種方式，可依個人喜好或熟練度來製作。

方法一：用擀麵棍

1. 工作台上撒上均勻的麵粉（最好是高筋麵粉），再放上麵糰。

2. 在麵糰表面均勻地撒上麵粉，以防止擀皮時沾黏。

3. 從麵糰1/2處往外擀開、擀薄，注意：擀麵糰時，都是從中心部位往外來回地擀。

4. 擀麵糰時，適時地確認麵皮是否沾黏，必要時必須撒些麵粉。

5. 麵糰擀成厚約0.3～0.4公分的麵皮，力道要均勻，儘量擀成圓片狀，以利舖盤。

6. 麵糰的面積必須比烤盤大約3~4公分左右。

7. 將擀麵棍放在派皮邊緣，利用大刮板將麵皮刮起捲在擀麵棍上。

8. 派皮捲好後，將派盤放在旁邊。

9. 將捲有派皮的擀麵棍，放在派盤上。

10. 慢慢地攤開擀麵棍，使派皮覆蓋在派盤上，再將擀麵棍移開，輕輕地將派皮邊緣豎起儘量與派盤黏合。

11. 用手輕輕地推壓派皮，可藉由觸感確認派皮厚薄是否一致。

12. 用拇指輕輕地壓派盤的邊緣處，儘量讓派皮與彎角處服貼黏合。

13. 用小刮板貼著派盤頂端，割掉多餘的派皮。

14. 派皮覆蓋不完整時，可切割其他多餘的麵皮補黏上。

15. 派皮烘烤後會縮小，因此可將派皮邊緣推高（稍微超過派盤高度）。

16. 切割下來的麵糰，最後可補在派皮邊緣較薄處。

17. 派皮舖盤後，可放在室溫下靜置鬆弛約10分鐘，使派皮穩定後再烘烤，可防止派皮受高溫影響，而劇烈收縮。

方法二：用保鮮膜

1. 將麵糰直接放在保鮮膜上。

2. 再取一張保鮮膜蓋在麵糰上。也可將塑膠袋剪開蓋在麵糰上。也可蓋上防沾黏的烘焙紙。

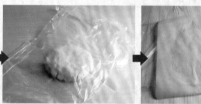

3. 如麵糰冷藏過久質地變硬，可先用擀麵棍將麵糰輕輕地壓出凹痕，稍微變軟即可。

4. 依p.21的做法3~6，將麵糰擀成比派盤面積大約3~4公分左右。

5. 將派皮上的一張保鮮膜撕掉，用手掌捧著整張派皮，慢慢地覆蓋在派盤上。

6. 先將派皮邊緣慢慢豎起來，儘量與派盤黏合。

7. 可用手輕輕地推壓派皮，儘量讓厚度平均。

8. 用食指壓派盤邊緣處，讓派皮與彎角處服貼黏合。

9. 派皮確實黏合後，再將另一張保鮮膜去除。

10. 接下來派皮切割、整理、鬆弛的動作，如本頁上方做法13~17。

派皮預烤 參見DVD示範

　　派皮在填上餡料前，是否該預烤，是根據產品需求及派餡的熟度或分量而定；通常一份「生派皮加生派餡」入烤箱烘烤時，派皮完全烤熟並上色的速度會比派餡慢些；為了避免派餡過度烘烤，就必須根據不同派餡特性及分量，將派皮預烤至不同狀態，當派皮經過預烤過程，水氣流失後，再與派餡結合烘烤，才能同步烤至理想狀態。

生派皮

　　當生派餡的分量較多，無法在短時間內烘烤至熟時，則可將生派皮與生派餡同時受熱烘烤（如p.44「洋梨杏仁派」），經過長時間烘烤後，只要派皮上色，同時餡料已烤熟即可；而上、下張派皮包著餡料一起烘烤的「雙皮派」，則必須利用未經烘烤的生派皮，才能將兩張派皮接合處緊密黏合（如p.128「白醬雞肉鹹派」）。

　　以下的派皮預烤，是以「油酥甜派皮」為例，其他種類的派皮預烤，方式完全相同。

烤箱要先預熱

　　派皮烘烤前，烤箱必須先預熱，依據不同的派盤材質，派皮的受熱、上色速度會有差異；所以，無論預熱時的溫度，或是烘烤時的溫度（及時間），都需要多多觀察並掌握烤溫特性。

　　原則上，預熱溫度即是正式烘烤時的溫度。

甜派皮（麵糰內含糖分，烤溫稍低）

上火180~190℃

下火190~200℃

鹹派皮

上火200~210℃

下火210~220℃

注意：根據不同產品，預熱及烘烤溫度略有不同。

半熟派皮
（將派皮水氣烤乾，稍微上色）

　　派皮烤至半熟後，再填入易熟的餡料繼續烘烤，直到皮、餡同步烤熟，多數的甜派及鹹派，都必須將派皮烤至半熟，例如：p.54「紅酒洋梨派」及p.166「白蘆筍南瓜鹹派」。

烘烤方式：

1. 派皮舖盤完成靜置鬆弛後，用叉子在派皮上叉上均勻的「氣洞」，可使派皮在烘烤時排出熱氣。

2. 在派皮上舖一張鋁箔紙（要比派盤大）。

3. 用手輕輕地將鋁箔紙壓平，確實黏合在派皮上。

4. 用食指沿著派盤邊緣，輕輕地將鋁箔紙黏合在派皮上。

5. 鋁箔紙蓋好後，會比派盤高，反摺後才能確實蓋住派皮頂端，以避免派皮外露而提前上色。

6. 為防止派皮經高溫受熱而膨脹，可在派皮上舖滿「重石」或是小石頭、豆子、生米……等重物。

7. 將舖好「重石」的派皮放入已預熱的烤箱中（p.23說明），以上火180~190℃、下火190~200℃烤約10分鐘左右再取出，靜置約2~3分鐘，讓派皮熱氣稍微散出，再將鋁箔紙（連同重石）提起來移出派盤。

8. 烤約10分鐘左右後，生派皮已烤至定型，水氣也大致烤乾，但尚未上色。

9. 將全蛋液（蛋白＋蛋黃）過篩後，用刷子沾些蛋液均勻地刷在派皮上。

重石

也有人稱作「鎮石」或「烤石」，是市售的金屬製品，約0.5公分，有不同形狀，舖在派皮上（派皮需先墊上鋁箔紙或烘焙紙），可防止派皮因受熱而膨脹變形。

10. 接著再放入烤箱內，用上火160~170℃、下火190~200℃，續烤約1~2分鐘，只要將派皮上的蛋液烤乾即可；當派皮上塗一層烤熟的蛋液時，可隔絕餡料的濕氣浸溼派皮。

八分熟派皮
（比半熟派皮上色深些）

如果派餡是屬於易熟、易上色的食材，或是派餡中的「生料」分量不多時，那麼派皮可先預烤至八分熟，即可以短時間將派餡烤熟，並呈現理想色澤。例如：p.168「甜椒鰻魚鹹派」的餡料是煮熟的白醬，只需利用短時間，即可將乳酪絲烤融化，且餡料中的蛋奶醬汁分量很少，覆蓋表面直接受熱，極易烤熟情況下，派皮必須預烤至八分熟。

烘烤方式：

- 依p.23~24做法1～9，當生派皮的水氣大致烤乾時，用刷子沾些蛋液均勻地刷在派皮上。
- 接著再放入烤箱內，用上火160~170℃、下火190~200℃，烤約10分鐘，派皮上色程度比半熟派皮要深些。

全熟派皮
（烤熟且上色）

派皮烤至全熟後，即可直接填入熟的餡料，即是完成品，例如：p.42「卡士達草莓派」及p.48「香蕉巧克力派」。

烘烤方式：

- 依p.23~24做法1～9，當生派皮的水氣大致烤乾時，用刷子沾些蛋液均勻地刷在派皮上。

- 接著再放入烤箱內，用上火160~170℃、下火190~200℃，烤約15分鐘，將派皮完全烤熟並呈金黃色即可。

預烤派皮或是皮、餡一起烘烤時，如出現派皮邊緣上色太快，可將鋁箔紙覆蓋在派皮邊緣上。

烘烤原則

單皮派

　　單皮派的餡料暴露在派皮之上，所以烘烤時烤箱上火溫度不要過高，而墊在派盤上的派皮，受熱速度較慢，所以下火的溫度可提高些；除了這些烘烤基本原則外，還必須掌握以下烘烤要點：

派皮→烤成金黃色

● 製作完成的派皮必須舖在派盤上，並放在平烤盤上烘烤，派皮隔著派盤及烤盤間接受熱，因此下火溫度必須提高；但必須注意，甜派皮內含糖分，上色速度會比鹹派皮的上色速度快些（因為鹹派皮未含糖粉）；因此烘烤時，要特別注意派皮的上色狀況，隨時調整火溫；總之，將派皮烤成金黃色為原則。

餡料→烤成固態狀

　　甜派中的奶油杏仁餡、各式乳酪糊及鹹派的蛋奶醬汁，這些濕軟、液態的生餡料，必須烤熟才能呈現應有的香氣及質地；因此，只要將濕性餡料烤成固態狀即可。

● 烘烤時，如餡料已烘烤完成，但派皮尚未上色時，可利用一張鋁箔紙直接蓋在餡料上繼續烘烤。

● **奶油杏仁糊**：烘烤時，可利用小刀插入奶油杏仁餡的中心部位，完全不沾黏即可出爐；上火參考溫度：190～200℃。

● **各式乳酪糊**：烘烤時，可用手輕拍中心部位，如觸感具彈性、不黏手即可；或用小刀插入乳酪糊中心部位，如乳酪黏刀呈乾爽顆粒狀即可出爐。上火參考溫度：170～180℃。

雙皮派

派皮→烤成金黃色

　　通常雙皮派的餡料已經煮熟，因此只要將雙皮派的上、下生派皮烤熟即可，但為了凸顯酥脆口感，則必須掌握烤溫，才能將生派皮烤熟並且烤成金黃色。

● 上火參考溫度：190～200℃，下火參考溫度：210～220℃（鹹派皮：220～230℃）。

注意

除了烤溫直接影響烘烤完成及上色速度外，烤模大小及材質屬性，也會影響烘烤的效果。此外，必須隨時觀察自己的烤箱狀況，隨機調整火溫是必要的。

雙皮派的製作

　　顧名思義，雙皮派的成品必須製作2張派皮，因此派皮用量要比單皮派多些；當派皮舖盤完成後，剩餘的麵糰必須壓平用保鮮膜包好，放在冷藏室放置備用，餡料尚未備妥時，最好不要將上面覆蓋的派皮提前擀好，以免環境溫度過高時，派皮會滲出油脂，影響成品的品質。

派皮覆蓋

利用擀麵棍覆蓋

1. 依 p.21 方法一的做法 1～5，將麵糰擀成圓片狀，面積比烤盤大 1~2 公分左右即可。

2. 依 p.21 做法 7，用擀麵棍捲起派皮。

3. 直接覆蓋在餡料上，用手將派盤邊緣頂端的兩張派皮接縫處儘量黏合，再用小刮板貼著派盤頂端，將超出派盤的派皮割掉。

4. 再用手將上、下兩張派皮確實黏合。

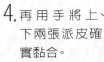

利用保鮮膜覆蓋

1. 依 p.22 方法二的做法 1～4，將麵糰擀成圓片狀，面積比烤盤大 1~2 公分左右即可。

2. 依 p.22 做法5，將派皮上的保鮮膜撕掉後，用手掌捧著整張派皮，慢慢地覆蓋在派餡上。

3. 接著將派皮上的保鮮膜撕除。

4. 並依本頁「利用擀麵棍覆蓋」的做法 3~4，將上、下兩張派皮黏合，並割掉多餘的派皮。

派皮編格子

除了將派皮單純地覆蓋在餡料上，製成雙皮派外，也可將派皮切成細長條，直接在餡料上交叉黏合，成為格子狀造型，會具有不同的視覺效果。

1. 依p.21做法1~5，將派皮擀成厚約0.3~0.4公分的圓片狀。

2. 切割成寬約1公分的長條狀。

3. 將長條狀麵皮共約7~8條橫放（在派餡上），每條間距約1公分。

4. 將①③⑤⑦條反摺至中心處。

5. 將a條直放在中心處。

6. 再將①③⑤⑦條摺回到右邊。

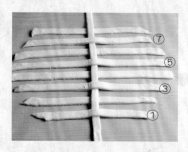

7. 接著再將②④⑥⑧條反摺至中心處。

8. 再將b條直放在a條的右邊。

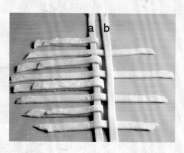

9. 再將②④⑥⑧條摺回到右邊。

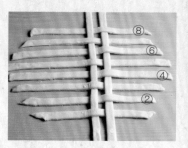

10. 不斷重複以上交叉放置的動作。

11. 右邊鋪滿之後，接著左邊也依照以上方式，重複交叉放置的動作。

12. 將長條麵皮舖滿即可。

13. 格子編好後，將派盤邊緣的麵皮用手黏緊，再用刮板將超出派盤的麵皮割掉，可用叉子在邊緣壓出痕跡（僅適用於斜邊固定派盤）。

14. 將全蛋液（蛋白＋蛋黃）過篩後，用刷子沾些蛋液均勻地刷在長條派皮上。

做些花樣

1. 可以用利刀在派皮表面，劃出均等的刀痕；除了可讓內餡受熱洩出熱氣外，同時也具有裝飾效果。

2. 也可利用小刻模，先在派皮上割些孔洞，再覆蓋在餡料上烘烤，也具有透氣及裝飾效果。

3. 也可利用叉子在上派皮上隨興叉些孔洞。

4. 當上、下兩張派皮黏合後，也可在邊緣處做些花樣，可加強派皮黏合度或當成裝飾（僅適用於斜邊固定派盤）。
用叉子沾些麵粉，在邊緣等距壓出痕跡（圖 a）。
用湯匙沾些麵粉，在邊緣等距割出圖案（圖 b）。

5. 最後將全蛋液（蛋白＋蛋黃）過篩後，用刷子沾些蛋液均勻地刷在派皮上（亦可先刷蛋液，再劃刀痕、割圖案）。

剩餘的派皮麵糰再利用

剩餘的麵糰用保鮮膜包好，可放入冷凍庫保存，如需再使用時，只要將硬麵糰放在室溫下回溫，即可與新製作的麵糰混合，再製成派皮；或將剩餘的派皮，擀成厚約 0.5～0.8 公分的片狀，刷上蛋液，撒上芝麻或各式堅果，再切成適當大小，烤熟後即成手工餅乾囉！

最佳賞味期

　　甜派及鹹派以不同屬性的材料製成，品嚐者對於甜與鹹的口感印象，肯定各有意義；無論以甜點、輕食或正餐看待，都要在最佳賞味期品嚐，才能讓味蕾體驗到最美好的滋味。

常溫品嚐

　　凡是以烤箱烤熟的成品，出爐後待降溫冷卻，或有點溫熱狀態時即可品嚐，此時的香氣融合得更加穩定，即是最佳品嚐時機，例如：p.44「洋梨杏仁派」、p.64「乳加核桃派」、p.66「夏威夷果仁派」及p.108「蘋果奶酥派」。

趁熱品嚐

　　有些「甜派」在出爐後的短時間內，最能表現口感的豐富度及層次感，如成品完全冷卻後，則風味盡失；冷食與熱食的品嚐滋味差距甚遠，因此必須趁熱品嚐，例如：p.46「焦糖蘋果千層派」及p.50「塔丁反扣蘋果派」。

　　「鹹派」的用料，不外乎蔬果、海鮮、肉類、奶製品及各式起士，在烘烤過程中，所有的濃郁香氣融為一體，當成品完成後，其質地、風味及口感達到最飽合狀態，因此成品出爐後，稍待3～5分鐘，讓熱氣散出，即可切片趁熱享用囉！

冷藏後品嚐

　　「甜派」中的卡士達醬，是以加熱製成，因此組合後的成品必須冷藏冰鎮，才能品嚐爽口宜人的美味，例如：p.42「卡士達草莓派」；而任何的新鮮水果、乳酪、巧克力及打發的鮮奶油等為素材的餡料，肯定必須冷藏，才能保有最佳的質地狀態，例如：p.52「藍莓起士派」、p.48「香蕉巧克力派」及p.74「香滑哈密瓜派」等。

保存

　　無論是冷藏式或常溫型的成品，短時間內無法全部品嚐完時，必須將成品裝在保鮮盒內，或直接放在餐盤上，以保鮮膜覆蓋包妥，再冷藏保存，以防止水分流失，並保持新鮮度；依材料不同的屬性，放入冰箱冷藏保存的時間會略有不同。

注意：此處的「保存」時間，是針對成品的最佳品嚐狀態而言，並不是指食物不新鮮必須丟棄。

冷藏保存

● 冷藏式的甜派成品（例如：p.48「香蕉巧克力派」）或所有鹹派成品，約可保存2～3天。
● 濕度較高的甜派成品，約可保存1～2天，例如：p.42「卡士達草莓派」。
● 較乾爽的甜派成品，約可保存3～4天，例如：p.82「太妃堅果派」。

冷凍保存

● 甜派成品中除了卡士達、打發鮮奶油或乳酪製品外，如以奶油杏仁糊或水果醬料製成的甜派，均可冷凍保存。
● 將鹹派製品切片後，用鋁箔紙包好，再裝進塑膠袋內冷凍保存，可放置約2星期左右。

再加熱

　　有些常溫型甜派或鹹派，成品一旦冷藏後，其質地或口感多少也受影響，因此無法與剛完成時的狀態相提並論；為了恢復原有的風味及口感，品嚐前可將片狀的甜派或鹹派再加熱。

微波加熱

　　依不同的微波功率，加熱時間有所不同，但只要將冷派加熱至有溫度即可；加熱時，不要包保鮮膜或蓋上盤子，以保持派皮酥脆度。

烤箱加熱

　　烤箱如已預熱，則以上、下火約160～170℃，烤約5～10分鐘左右；如烤箱未預熱時，直接將冷派以上、下火約160～170℃，烤約10～15分鐘左右。

※無論用微波或烤箱加熱，不管加熱時間有多久，只要能夠讓冷派呈現溫熱狀態即可。

甜派

清爽、香濃各有美味

　　舉凡任何新鮮水果只要處理得當，幾乎都能製成「甜派」，因此製作前的加熱、熬煮入味或浸泡醃漬等動作，絕對關係著成品的可口度。有趣的是，因為製作方式的不同，而呈現令人驚喜的不同滋味，最為人熟知的「蘋果派」即是一例。

　　除了頻繁使用的新鮮水果外，只要用於西式糕點的素材都能「入派」；從知名的法式甜派、家常甜派到隨興製成的甜派等，涵蓋各式風味，就算只利用相同的派皮，也能藉由餡料的變化性，而發揮無限可能的創意美味。

基本餡料

以下的基本餡料，可搭配各式新鮮水果、堅果、巧克力及咖啡……等，而變化出不同的加味餡料；此外，也能利用可口的布丁、香濃的蛋糕、甜蜜的醬汁，以及各式乳酪糊，來造就多種風貌的甜派。

奶油杏仁餡

参見DVD示範

經典的法式水果甜派，經常以「奶油杏仁餡」做基底餡料，然後鋪上各式新鮮水果一起烘烤，其濃郁又飽滿的香氣，絕對是其他甜點無法比擬的。

材料

無鹽奶油	90 克
細砂糖	80 克
全蛋　2 個（約 100～110 克）	
低筋麵粉	50 克
杏仁粉	100 克
香橙酒（或蘭姆酒）	1 小匙

做法

1. 無鹽奶油秤好後，放入較大的容器內（可方便攪拌的大小），放在室溫下回溫軟化；全蛋攪散後備用。

2. 無鹽奶油加入細砂糖後，用電動攪拌機（或攪拌器）攪打均勻。

3. 持續攪打後，細砂糖與無鹽奶油混合成均勻的奶油糊。

4. 全蛋液分次倒入奶油糊內，快速攪勻。

5. 將低筋麵粉先倒入約 1/2 的分量，將攪拌機的速度稍微放慢，繼續攪勻。

6. 再將杏仁粉全部倒入，繼續攪勻。

7. 將剩餘的低筋麵粉倒入，攪成均勻的麵糊。

8. 最後將香橙酒倒入麵糊內。

9. 將所有材料攪勻，即成奶油杏仁餡。

★做法⑤：將麵粉分2次倒入奶油糊內，可避免油水分離現象。

★材料中的分量不多，可用攪拌器輕易攪散拌合，只要所有材料全部混合均勻即可。

卡士達

參見DVD示範

細緻軟滑的卡士達肯定是新鮮水果的好搭檔，在派皮上填入適量的卡士達，並舖滿當令新鮮水果，其鮮豔天然的色彩，就足以擄獲眾人的視覺焦點；討好味蕾的卡士達，足以做出最具親和力的水果甜派。

材料

無鹽奶油	100 克
蛋黃	35~40 克
細砂糖	40 克
低筋麵粉	20 克
牛奶	200 克
香草莢	1/2 根

做法

1. 無鹽奶油秤好後，放在室溫下回溫軟化備用。

2. 蛋黃倒入煮鍋內，將細砂糖也倒入鍋內。

3. 接著用攪拌器將蛋黃及細砂糖攪勻。

4. 再倒入低筋麵粉，繼續攪勻。

5. 倒入麵粉之後，質地稍乾，可倒入約 1 大匙的牛奶，用攪拌器攪勻。

6. 再將剩餘的牛奶倒入鍋內，繼續攪勻。

7. 將香草莢切開，用刀子刮出香草籽。

8. 將香草籽連同香草莢外皮放入鍋內。

9. 用小火加熱，必須用攪拌器不斷地攪動。

10. 持續加熱攪拌後，慢慢地會出現有紋路的狀態（此時的溫度約達 82～85℃）。

11. 呈濃稠狀時即熄火，接著倒入軟化的無鹽奶油，用攪拌器快速攪勻。

12. 所有材料都攪勻後，質地非常細緻光滑，即成卡士達。

13. 將加熱過後的香草莢外皮取出丟棄。

14. 用保鮮膜覆蓋貼在卡士達上，整個煮鍋放在冷水（加冰塊）上降溫冷卻備用。

可可卡士達

將p.36原味的卡士達，
再添加無糖可可粉，
即可製成「可可卡士達」。

材料

無鹽奶油	100 克
蛋黃	40 克
細砂糖	50 克
低筋麵粉	20 克
無糖可可粉	15 克
牛奶	200 克

做法

❶ 如p.36做法①～④，將蛋黃、細砂糖及低筋麵粉用攪拌器攪勻後，再加入無糖可可粉。

❷ 接著加入約1～2大匙的牛奶，用攪拌器攪勻，再將剩餘的牛奶全部倒入鍋內，繼續攪勻。

❸ 用小火加熱，必須用攪拌器不斷地攪動，持續加熱攪拌後，慢慢地會出現有紋路的狀態。

❹ 呈濃稠狀時即熄火，接著倒入軟化的無鹽奶油，用攪拌器快速攪勻，質地非常細緻光滑，即成可可卡士達。

❺ 用保鮮膜覆蓋貼在可可卡士達上，整個煮鍋放在冷水（加冰塊）上降溫冷卻備用。

咖啡卡士達

將p.36原味的卡士達，
再添加咖啡液，
即可製成「咖啡卡士達」。

材料

無鹽奶油	130 克
┌即溶咖啡粉	約 15 克
└冷開水	15 克
┌蛋黃	50 克
│細砂糖	65 克
│低筋麵粉	25 克
└牛奶	230 克

做法

❶ 即溶咖啡粉加冷開水調成咖啡液。如p.36做法①～④，將蛋黃、細砂糖及低筋麵粉攪勻。

❷ 接著倒入咖啡液及牛奶，全部攪勻後再開火。

❸ 用小火加熱，必須用攪拌器不斷地攪動，持續加熱攪拌後，慢慢地會出現有紋路的狀態。

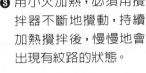

❹ 呈濃稠狀時即熄火，接著倒入軟化的無鹽奶油，用攪拌器快速攪勻，質地非常細緻光滑，即成咖啡卡士達。

打發鮮奶油

參見DVD示範

將動物性鮮奶油打發，營造餡料的滑潤口感，無論是填滿派皮上當成主料，或只是擠花、擠線條做個裝飾，鮮奶油絕對是甜派不可或缺的好素材。

材料

動物性鮮奶油	100 克
細砂糖	10 克

做法

1. 用電動攪拌機以由慢而快的速度，攪打動物性鮮奶油。

2. 繼續攪打，質地稍微變稠時，接著倒入細砂糖。

3. 一直攪打到鮮奶油變得更稠，質地滑順。

4. 持續打發至不會流動的狀態，體積鬆發、質地細緻，即成打發鮮奶油。

常用調味→檸檬、香橙酒

製作甜派的餡料時，同樣必須講究「調味」，才能發揮成品的最佳風味。

檸檬皮屑＋檸檬汁

檸檬豐沛的汁液及宜人的檸檬皮香氣，最適合融入各類水果及乳酪類的甜點中。如使用檸檬皮屑時，只要刮下檸檬的綠色表皮即可，千萬別刮到內層白色部分，以免出現苦澀的口感。

■★如無法取得新鮮檸檬時，
可改用柑橘類水果代替。

香橙酒

書上食譜所指的香橙酒，即法國製的Grand Marnier，呈金黃色，是利口酒（Liqueur）的一種。所謂「利口酒」就是各式基酒（白蘭地、威士忌、蘭姆酒、琴酒、伏特加或葡萄酒等），加入糖漿、果汁或浸泡各種水果，經過蒸餾等過程而製成的香甜酒；因此香橙酒具有微微的香橙甜味，酒精度為40%，經常應用於各式甜點或醬汁的調味，也是調酒時所使用的基酒。

■★如無法取得香橙酒時，可改用蘭姆酒（Rum）或君度橙酒
（Cointreau）代替。

卡士達草莓派

派皮+卡士達+任何新鮮水果＝美味的水果派
因此，這道是水果派的基本款，其中的新鮮草莓
也可改換成自己喜愛的水果喔！

材料

★油酥甜派皮
低筋麵粉 160 克
糖粉 30 克
鹽 1/4 小匙
無鹽奶油 80 克
蛋黃 20 克
牛奶 20 克

★餡料
新鮮草莓 500 克
卡士達→
無鹽奶油 100 克
蛋黃 35~40 克
細砂糖 40 克
低筋麵粉 20 克
牛奶 200 克
香草莢 1/2 根
打發動物性鮮奶油→
動物性鮮奶油 80 克
細砂糖 10 克

使用派盤：
9吋活動派盤
1個（p.12）

冷藏後品嚐，
冷藏密封保存
約1~2天

做法

油酥甜派皮：依 p.14~15 的做法製作派皮，並依 p.25 的做法，將派皮烘烤完成備用。

卡士達：依 p.36~37 的做法，將卡士達製作完成，並放在冰塊水上冷卻備用。

打發動物性鮮奶油：先攪打動物性鮮奶油，稍微呈現濃稠狀時，即加入細砂糖，並用快速攪打，持續攪打後會出現紋路狀，最後完成的打發鮮奶油體積變大、質地滑順，且不會流動即可。

將打發的動物性鮮奶油分 2 次倒入冷卻的卡士達內，用橡皮刮刀拌勻，再倒入烤熟的派皮上抹勻。

◎卡士達內加入適量的打發動物性鮮奶油，口感更加香滑輕盈。

將草莓切半後，平均地鋪排在卡士達表面，撒上糖粉及開心果屑裝飾（可隨意），冷藏約 1~2 小時，待定型後即可切塊食用。

洋梨杏仁派

參見DVD示範

法式甜派的代表作，奶油杏仁餡上鋪排一列列糖漬西洋梨，
香甜可口濃郁好滋味，是許多人熟悉的甜派。

材料

使用派盤：
花型活動派盤
1個（p.13）

★ **脆酥甜派皮**
- 無鹽奶油 80 克
- 糖粉 35 克
- 鹽 1/4 小匙
- 全蛋 35 克
- 低筋麵粉 165 克

★ **餡料**

糖漬洋梨（西洋梨）→
- 洋梨 2 個
- 細砂糖 20 克
- 香橙酒（或蘭姆酒）2 小匙
- 檸檬汁 1 大匙

奶油杏仁餡→
- 無鹽奶油 90 克
- 細砂糖 80 克
- 全蛋 2 個（約 100~110 克）
- 低筋麵粉 50 克
- 杏仁粉 100 克
- 香橙酒（或蘭姆酒）1 小匙

做法

脆酥甜派皮：依 p.16、21~22 的做法，將派皮製作完成，擀好並鋪在派盤上，靜置一旁備用。

糖漬洋梨：洋梨削去外皮，切成 4 瓣後，再切掉蒂頭及籽。

將洋梨塊倒入鍋內，接著將細砂糖及香橙酒也分別倒入鍋內。

開小火加熱，當細砂糖融化後，將檸檬汁倒入鍋內。

繼續用小火加熱，當汁液快要收乾時即熄火，將糖漬好的洋梨盛出冷卻備用。

奶油杏仁餡：依 p.34~35 的做法製作奶油杏仁餡，接著倒入派皮上，用橡皮刮刀攤開並抹勻。

將洋梨瓣切成厚約 0.4~0.5 公分的片狀，再輕輕地推成傾斜狀，用小刀將整瓣的洋梨片剷起放在杏仁餡上。

8 烤箱預熱後，以上火 190℃、下火 210℃烤約 25~30 分鐘，表面呈金黃色，杏仁餡完全不沾黏即可。

冷卻後常溫品嚐，室溫密封保存約2~3天

45

焦糖蘋果千層派

2012年的巴黎行，曾在羅浮宮內的咖啡館嚐到這類型的甜派，薄薄的焦糖蘋果墊在千層酥皮之上，簡單的造型，卻有酸甜香酥的迷人口感，一定要趁熱食用喔！

不需派盤，派皮切割成圓片狀（約8吋）

材料 ★簡易千層派皮

低筋麵粉 160克
細砂糖 10克
鹽 1/4 小匙
無鹽奶油 100克
冰水 70克

★餡料

青蘋果 1個
檸檬汁 1大匙
二砂糖（黃砂糖）10克
無鹽奶油 15克
全蛋 1個（刷派皮用）

做法

簡易千層派皮：依 p.17~19 的做法，將派皮的麵糰製作完成，擀成厚約 0.3~0.4 公分的片狀。

切割成直徑約 21 公分的圓片麵皮，派皮的直徑大小可依個人喜好切割完成。

將切割好的圓片派皮直接放在烤盤上，將派皮邊緣稍微向內豎起（此動作也可省略），並刷上均勻的蛋液。

用叉子在派皮上插洞，以防止烘烤時會劇烈膨脹，接著放在室溫下鬆弛約 10~15 分鐘。

餡料：將青蘋果削皮去籽後，切成厚約 0.3 公分的片狀。

將檸檬汁倒入青蘋果內（可防止蘋果氧化變色，但如果製作動作快速，此步驟也可省略），再用橡皮刮刀攪勻，靜置約 5 分鐘。

烤箱預熱後，將做法④的派皮以上火 200℃、下火 220℃烤約 10 分鐘左右，先將派皮內的水分稍微烤乾，再將蘋果片擦乾，均勻地環繞鋪排在派皮上。

將無鹽奶油融化後，均勻地刷在蘋果片上，最後均勻地撒上二砂糖。

9 烤箱預熱後，以上火 200℃、下火 220℃烤約 20~25 分鐘左右，直到派皮呈現金黃色，蘋果片上的二砂糖焦化即可。

10 成品出爐後，篩上適量的糖粉（可隨意），趁熱品嚐！

趁熱品嚐，室溫密封保存約1天

香蕉巧克力派 參見DVD示範

香蕉與巧克力融合後的風味，是許多人認同的組合，
多層次的香氣與口感，讓吃過的人一致叫好喔！

使用派盤：
7吋活動派盤
1個 (p.12)

材料

★可可脆酥甜派皮
無鹽奶油 55 克
糖粉 25 克
鹽 1/8 小匙
全蛋 15 克
冷水 10 克
低筋麵粉 100 克
無糖可可粉 15 克

★餡料

巧克力醬→
動物性鮮奶油 60 克
牛奶 30 克
苦甜巧克力 60 克
無鹽奶油 30 克

夾心→
熟透的香蕉 2~3 根
OREO 餅乾 20 克

可可卡士達→
無鹽奶油 100 克
蛋黃 40 克
細砂糖 50 克
低筋麵粉 20 克
無糖可可粉 15 克
牛奶 200 克

48

可可脆酥甜派皮：依 p.16 的做法製作派皮，並依 p.21~22、25 的做法，將派皮烘烤完成備用。

巧克力醬：將動物性鮮奶油及牛奶一起倒入煮鍋內，隔水加熱，接著倒入苦甜巧克力，邊加熱邊攪拌，必須控制巧克力的溫度勿超過 50℃，當巧克力快要融化時，即加入無鹽奶油，攪至完全融化呈現光澤細緻狀。

可可卡士達：依 p.38 的做法將可可卡士達製作完成，隔冰塊水降溫冷卻備用。

將做法②的巧克力醬倒入冷卻的派皮上。

香蕉切成長約 2 公分的小塊，平均地鋪排在巧克力醬上，冷藏至巧克力醬凝固。

將冷卻後的可可卡士達攪勻，再取約 1/3 的分量塗抹在香蕉上，均勻地抹平即可。

將 OREO 餅乾放入塑膠袋內，用擀麵棍擀成細屑狀，取部分撒在可可卡士達之上，用抹刀將 OREO 餅乾屑輕輕地壓一壓。

將剩餘的可可卡士達以平口大花嘴用垂直方式擠出，最後在表面撒上適量的 OREO 餅乾屑即可。

將成品冷藏約 1 小時，待可可卡士達凝固後即可切塊食用。

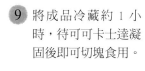

冷藏後品嚐，冷藏密封保存約2天

塔丁反扣蘋果派

這道法式蘋果派的名稱是Tarte Tatin，是塔丁（Tatin）姊妹所經營的旅館中的招牌甜點；原本這是一道失敗作品，某天，負責廚藝的姐姐在繁忙之際，將蘋果塊、砂糖及奶油直接放在烤模內就送進烤箱，等到冒煙時，才驚覺忘了襯上派皮；情急之下，立刻將一張派皮直接覆蓋在蘋果上繼續烘烤。烤好後，再整個反扣在盤中送上桌，沒想到這樣美麗的錯誤，竟然成為店內的經典之作。

有別於一般美式雙皮蘋果派的做法，大大的蘋果塊吸附著奶油及焦糖香，再配上打發的鮮奶油或香草冰淇淋一同食用，真是絕妙的好滋味。

材料

使用派盤：
7吋平底鍋
1個（p.13）

★簡易千層派皮

低筋麵粉 160克
細砂糖 10克
鹽 1/4 小匙
無鹽奶油 100克
冰水 70克

★餡料

青蘋果 4個
細砂糖 85克
細砂糖 1大匙
無鹽奶油 25克

做法

1

簡易千層派皮：依 p.17~19 的做法，將派皮製作完成，擀成厚約 0.3~0.4 公分的片狀。

2

將派皮切割成與烤模相同直徑的圓片狀，並用叉子均勻地在派皮上插洞，靜置室溫下至少 10 分鐘。

3

餡料：青蘋果削皮去籽後，切成 4 瓣備用。

趁熱品嚐，室溫密封保存約1天

4

在平底鍋（可烘烤）內塗上一層均勻的奶油（材料外的分量）。

5

接著將細砂糖 85 克倒入鍋內，再開小火加熱，用木匙或耐熱橡皮刮刀邊攪拌，將細砂糖炒至融化並呈現淺咖啡色即熄火。

6

將蘋果瓣切口朝上鋪滿一層，然後再以蘋果表層朝上的方式蓋在下層空隙之間。

7

接著將細砂糖 1 大匙平均地撒在蘋果塊上，再將無鹽奶油 25 克（可增加分量）切成小塊後平均地放在蘋果塊上面。

8

將做法②的派皮蓋在蘋果塊上，再用手輕壓派皮，儘量與蘋果塊密合。

9

烤箱預熱後，以上火 210℃、下火 220℃烤約 20~25 分鐘左右，直到鍋底的細砂糖呈現焦化，派皮烤成金黃色即可。

◎青蘋果（Granny Smith）耐煮耐烤，非常適合製作甜點，如無法取得，則選用其他品種的蘋果來製作。

◎烘烤時，細砂糖融化成液體，加上蘋果加熱後的汁液，會在鍋內滾沸，因此必須使用有高度的鍋具（烤模）；煮至收汁後，派皮也烤成金黃色即可出爐，待成品定型尚有溫度時即反扣脫模。

藍莓起士派

軟滑的乳酪中一定要舖上滿滿的新鮮藍莓，
每一口都能迸出香甜多汁的美味。

材料

使用派盤：
長方型
活動派盤
（p.13）

★ 油酥甜派皮

低筋麵粉 110 克
糖粉 15 克
鹽 1/8 小匙
無鹽奶油 55 克
蛋黃 15 克
牛奶 15 克

★ 餡料

吉利丁片 1 片（約 2.5 克）
奶油乳酪（cream cheese）55 克
細砂糖 30 克
動物性鮮奶油 60 克
牛奶 40 克
檸檬汁 1 小匙
檸檬皮 1 小匙
香橙酒（或蘭姆酒）1 小匙
新鮮藍莓 85 克

做法

1

油酥甜派皮：依 p.14 ~15 的做法，將派皮製作完成。

2

依 p.25 的做法，將派皮烘烤完成；待派皮冷卻後，再均勻地鋪上新鮮藍莓。

3

餡料：吉利丁片浸泡在冰塊水中，泡軟備用。

冷藏後品嚐，冷藏密封保存約2~3天

4

奶油乳酪秤好放在室溫下軟化後，連同細砂糖一起放入煮鍋內，隔水加熱，儘量將乳酪攪散，細砂糖攪至融化。

5

將動物性鮮奶油及牛奶一起倒入鍋內，用攪拌器攪勻即熄火。

6

將檸檬汁、檸檬皮放在同一容器中，與香橙酒依序倒入鍋內攪勻。

7

將做法③的吉利丁片擠乾水分，放入鍋內趁熱攪至完全融化，成為乳酪糊。

8

利用粗篩網濾出細緻的乳酪糊，並用橡皮刮刀輕壓篩網上的顆粒，注意篩網反面的乳酪糊也要刮乾淨。

9

將整鍋乳酪糊放在冰塊水上冷卻，再全部倒入派皮內。

10

將成品冷藏約 3 小時，待乳酪糊完全凝固後即可切塊食用。

紅酒洋梨派

這道紅酒洋梨派，是時間換得的美味，有別於p.44的「洋梨杏仁派」，紅酒燴洋梨
是經典的餐後甜點，用於甜派上更是精彩。

材料

使用派盤：
7吋活動派盤
1個 (p.12)

★油酥甜派皮
- 低筋麵粉 120 克
- 糖粉 25 克
- 鹽 1/8 小匙
- 無鹽奶油 65 克
- 蛋黃 15 克
- 牛奶 15 克

★餡料

紅酒燴洋梨→
洋梨 4 個
- 紅葡萄酒 400 克
- 細砂糖 85 克
- 肉桂棒 1 根 (或肉桂
  粉 1/2 小匙)
- 橘子皮 1 個
- 檸檬皮 1 個
- 紅茶包 (伯爵茶) 1 包

奶油杏仁餡→
無鹽奶油 45 克
細砂糖 40 克
全蛋 50 克
香橙酒 (或蘭姆酒) 1/4 小匙
杏仁粉 45 克
低筋麵粉 20 克
卡士達→
無鹽奶油 65 克
- 蛋黃 20 克
- 細砂糖 25 克
- 低筋麵粉 15 克
- 牛奶 130 克
- 香草莢 1/4 根

油酥甜派皮：依 p.14~15、21~22 的做法，將派皮製作完成，並依 p.23~24 的做法，將派皮烘烤約 10~15 分鐘（半熟派皮）。

紅酒燴洋梨：洋梨削皮去籽後切成 4 瓣（如 p.45 做法②），將紅葡萄酒、細砂糖、肉桂棒、橘子皮及檸檬皮（刨成絲狀）分別倒入鍋內，用中、小火加熱。

將洋梨瓣倒入鍋內，加熱沸騰後約煮 5 分鐘即熄火，最後加入紅茶包，靜置冷卻後，冷藏浸泡約 7~8 小時，使洋梨上色且入味。

奶油杏仁餡：依 p.34~35 的做法，將奶油杏仁餡製作完成，倒入做法①的派皮上。

烤箱預熱後，以上火 190℃、下火 210℃烤約 15~20 分鐘，烤至杏仁餡完全不沾黏即可，出爐後可用湯匙輕拍膨脹的表面，即會平坦。

卡士達：依 p.36~37 的做法，將卡士達製作完成，待卡士達冷卻降溫後，接著倒入已冷卻的派皮上。

7 將做法③的紅酒洋梨鋪排在卡士達上，冷藏約 1~2 小時待定型後，即可切塊食用。

冷藏後品嚐，冷藏密封保存約1~2天

55

白乳酪櫻桃派

淡雅微酸的白乳酪調成夾心霜飾，可融合覆盆子及櫻桃的果香，非常順口美味。

使用派盤：
7吋活動派盤
1個 (p.12)

材料

★油酥甜派皮
┌ 低筋麵粉 120 克
│ 糖粉 25 克
└ 鹽 1/8 小匙
　 無鹽奶油 65 克
┌ 蛋黃 15 克
└ 牛奶 15 克

★餡料

覆盆子醬→
┌ 冷凍覆盆子（或新鮮覆盆子）95 克
│ 細砂糖 65 克
└ 苦甜巧克力 20 克

白乳酪醬→
┌ 白乳酪 175 克
│ 糖粉 20 克
└ 香橙酒（或蘭姆酒）1/2 小匙
　 新鮮櫻桃 400 克

材料

油酥甜派皮：依 p.14~15、21~22 的做法製作派皮，並依 p.25 的做法將派皮烘烤完成備用。

覆盆子醬：冷凍覆盆子與細砂糖放入煮鍋內，靜置待細砂糖融化，再開小火加熱。注意：加熱時必須適時地攪動一下。

用小火持續加熱，煮約 8~10 分鐘，呈現濃稠狀時即熄火，接著倒入苦甜巧克力攪勻至融化，冷卻後的質地更加濃稠。

冷藏後品嚐，冷藏密封保存約1~2天

將覆盆子醬倒入做法①的派皮上，用抹刀抹勻備用。

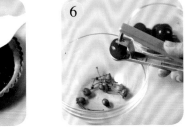

白乳酪醬：白乳酪加糖粉攪勻，再加入香橙酒攪勻，倒入覆盆子醬上面。

做法⑤完成後，冷藏約 1 小時待定型，用櫻桃去籽器將櫻桃籽打掉，最後再鋪排在白乳酪醬表面即可。

說明：如無法取得去籽器，則將櫻桃切半後，再取出櫻桃籽。

白乳酪（Fromage Blanc）是屬於新鮮乳酪，質地細緻滑順，含8%乳脂肪，口感清爽並帶有些微的酸味；適合搭配新鮮水果，或調成醬汁佐以生菜沙拉，可廣泛用於冷盤或烘焙甜點。

檸檬派

軟滑的檸檬餡料，酸甜口感襯著香酥派皮，是一道經典的法式甜派。

使用派盤：
7吋活動派盤
1個 (p.12)

材料

★油酥甜派皮
低筋麵粉 120 克
糖粉 25 克
鹽 1/8 小匙
無鹽奶油 65 克
蛋黃 15 克
牛奶 15 克

★餡料
檸檬奶油餡→
全蛋 145 克
細砂糖 145 克
檸檬汁 135 克
檸檬皮 1 小匙
無鹽奶油 135 克
★裝飾
動物性鮮奶油 50 克
細砂糖 5 克

油酥甜派皮： 依 p.14~15、21~22 的做法製作派皮，並依 p.25 的做法將派皮烘烤完成備用。

檸檬奶油餡： 全蛋加細砂糖一起放入煮鍋內隔水加熱，攪散後倒入檸檬汁，加熱的同時必須用攪拌器邊攪拌。

持續邊加熱邊攪拌，質地會變稠，熄火後加入檸檬皮及無鹽奶油攪勻，成為細緻光滑的檸檬奶油餡。

待檸檬奶油餡冷卻後，倒入做法①的派皮上，將表面稍微抹平，放入冷藏室約 2 小時直到凝固。

依 p.40 的做法③，將動物性鮮奶油加細砂糖混合打發，再用尖齒花嘴在凝固的檸檬奶油餡上擠花裝飾即可。

冷藏後品嚐，冷藏密封保存約2~3天

蘭姆葡萄派

「奶油杏仁糊」經常用於法式甜派中，
也適合與各式乾果搭配，
呈現濃郁香甜的家常美味。

材料

使用派盤：
7吋活動派盤
1個（p.12）

★脆酥甜派皮
- 無鹽奶油 65 克
- 糖粉 30 克
- 鹽 1/8 小匙
- 全蛋 30 克
- 低筋麵粉 130 克

★餡料

蘭姆葡萄乾→
- 葡萄乾 80 克
- 蘭姆酒 50 克

檸檬杏仁餡→
- 無鹽奶油 85 克
- 細砂糖 60 克
- 全蛋 110 克
- 杏仁粉 95 克
- 低筋麵粉 40 克
- 檸檬汁 1 小匙
- 檸檬皮 1 小匙

蛋白糖霜→
- 蛋白 5 克
- 糖粉 25 克
- 檸檬汁 1/2 小匙

配料→
- 杏仁角（生的）15 克

做法

1

脆酥甜派皮：依 p.16、21~22 的做法製作派皮，並依 p.23~24 的做法，將派皮烘烤約 10~15 分鐘（半熟派皮）。

2

蘭姆葡萄乾：葡萄乾加蘭姆酒，浸泡約 2~3 小時，直到葡萄乾泡軟入味。

注意：如葡萄乾質地較硬，則浸泡時間須延長。

3

檸檬杏仁餡：依 p.34~35 的做法製作檸檬杏仁餡，在做法⑦之後倒入檸檬汁（連同檸檬皮），用橡皮刮刀攪勻。

4

將做法②的蘭姆葡萄乾擠乾，倒入杏仁糊內攪勻。

5

蛋白糖霜：將蛋白、糖粉及檸檬汁混合，用湯匙攪勻，成為均勻細緻的蛋白糖霜備用。

6

將做法④的葡萄乾杏仁餡全部倒入做法①的派皮上，用抹刀抹平。

7

烤箱預熱後，以上火 180~190℃、下火 220℃烤約 15 分鐘，待表面呈固態狀時（不黏手時），取出後在表面抹上（或刷上）蛋白糖霜，再均勻地撒上杏仁角，繼續烘烤至杏仁角呈金黃色、杏仁餡完全不沾黏即可。

常溫品嚐，室溫密封保存約 1~2天

櫻桃夾心派

自製的櫻桃醬夾在奶油杏仁糊中，其香氣及口感，絕對具備美味的條件。

材料

★脆酥甜派皮
無鹽奶油 80 克
糖粉 35 克
鹽 1/4 小匙
全蛋 35 克
低筋麵粉 165 克

使用派盤：
9吋活動派盤
1個（p.12）

★餡料

櫻桃醬→
新鮮櫻桃 350 克
細砂糖 100 克
水 25 克
香橙酒（或蘭姆酒）1 小匙
檸檬汁 10 克
蘋果泥 25 克

奶油杏仁餡→
無鹽奶油 70 克
細砂糖 65 克
全蛋 90 克
香橙酒（或蘭姆酒）1/2 小匙
杏仁粉 80 克
低筋麵粉 40 克
杏仁片（生的）30 克

做法

1 脆酥甜派皮：依 p.16、21~22 的做法製作派皮，並依 p.23~24 的做法，將派皮烘烤約 10~15 分鐘（半熟派皮）。

2 櫻桃醬：新鮮櫻桃放入煮鍋內，加入細砂糖及水，待細砂糖融化後，用小火加熱至沸騰，再加入香橙酒及檸檬汁攪勻。

3 接著加入蘋果泥（用磨泥器將蘋果磨成泥），繼續煮約 30 分鐘，即呈現濃稠狀，冷卻後會變得更濃稠。

4 奶油杏仁餡：依 p.34~35 的做法製作奶油杏仁餡，將 1/3 的分量倒入做法①的派皮上，並用抹刀攤開抹勻。

常溫品嚐，室溫密封保存約 1~2 天

5 將櫻桃醬鋪在奶油杏仁餡上，盡量攤開離派皮邊緣約 2 公分，接著再用擠花嘴將剩餘的杏仁奶油餡擠在櫻桃醬上（直接用抹刀攤開覆蓋亦可），並用抹刀稍微抹勻完全覆蓋櫻桃醬，最後撒上杏仁片。

6 烤箱預熱後，以上火 180~190℃、下火 220℃烤約 20~25 分鐘，待杏仁餡完全不沾黏即可。

乳加核桃派

所謂「乳加」，是源自於nougat這個字，是指蜂蜜及糖所熬煮成的糖漿，隨著加熱溫度，糖漿水分減少後，即成固態狀，具有濃郁焦香，與核桃混合製成餡料，是一道非常可口又香酥的甜派。

使用派盤：
9吋活動派盤
1個（p.12）

材料

★脆酥甜派皮
- 無鹽奶油 130 克
- 糖粉 55 克
- 鹽 1/4 小匙
- 全蛋 60 克
- 低筋麵粉 285 克

★餡料
- 細砂糖 95 克
- 蜂蜜 55 克
- 鹽 1/4 小匙
- 動物性鮮奶油 80 克
- 牛奶 80 克
- 無鹽奶油 20 克
- 烤熟的核桃 300 克
- 蛋黃 1 個（刷麵糰用）

做法

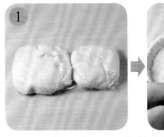 

常溫品嚐，室溫密封保存約3～4天

脆酥甜派皮： 依 p.16 的做法製作派皮，將麵糰分成大、小 2 份，依 p.21~22 的做法先將較大塊的麵糰舖在派盤上，另一塊麵糰壓平後冷藏放置備用。

餡料： 細砂糖、蜂蜜及鹽一起放入煮鍋內，用小火加熱，煮至沸騰後接著慢慢倒入動物性鮮奶油及牛奶（秤在一起）。

持續加熱後再度沸騰，續煮約 5 分鐘會變濃稠，接著倒入核桃及無鹽奶油，煮到醬汁快要收乾即熄火，即成「乳加核桃」。

乳加核桃完全冷卻後，倒入派皮上，並在邊緣刷上蛋黃液，以利於派皮黏合。

依 p.27 的做法，將另一塊麵糰擀成厚約 0.3~0.4 公分的麵皮，再輕輕地覆蓋在餡料上，將邊緣接合處黏緊後再切掉多餘麵糰，並刷上均勻的蛋黃液，最後在表面切割出 4 條交叉刀痕（勿切太深），共八等分。

6　烤箱預熱後，以上火 190℃、下火 210~220℃烤約 25~30 分鐘，派皮呈現金黃即可，成品出爐冷卻後再切塊食用。

夏威夷果仁派

派皮與餡料徹底表現堅果香氣，餡料中香濃的卡士達與奶油杏仁糊混合，即是「法蘭奇佩尼餡」（crème frangipane），是法式甜派常用餡料。

使用派盤：
正方形活動派
盤1個（p.13）

材料

★杏仁甜派皮
無鹽奶油 60 克
糖粉 25 克
鹽 1/4 小匙
全蛋 40 克
低筋麵粉 130 克
杏仁粉 15 克

★餡料

卡士達→
蛋黃 20 克
細砂糖 20 克
牛奶 100 克
低筋麵粉 10 克

奶油杏仁餡→
無鹽奶油 90 克
細砂糖 65 克
全蛋 100 克
香橙酒（或蘭姆酒）1/2 小匙
杏仁粉 100 克
低筋麵粉 20 克

配料→
夏威夷果仁 125 克

杏仁甜派皮：依 p.16 的做法製作派皮，並依 p.21~22 的做法，將派皮覆蓋在派盤上。

卡士達：依 p.36~37 的做法製作卡士達，並隔冰水冷卻備用。

奶油杏仁餡：依 p.34~35 的做法製作奶油杏仁餡。

將冷卻的卡士達倒入奶油杏仁餡內，用橡皮刮刀攪勻，再全部倒入派皮上抹勻。

接著放入生的夏威夷果仁，烤箱預熱後，以上火 180~190℃、下火 220℃烤約 25~30 分鐘，待派皮上色、杏仁糊完全不沾黏即可。

成品出爐完全冷卻後，可在表面每隔 1 公分處放上約 1 公分寬的紙條，篩上糖粉裝飾。

常溫品嚐，室溫密封保存約 2~3天

覆盆子起士派

利用新鮮的覆盆子，製成鮮果風味乳酪糊，清爽的果粒口感，有別於細緻果泥的做法。

材料

使用派盤：
9吋活動派盤
1個（p.12）

★脆酥甜派皮
無鹽奶油 80 克
糖粉 35 克
鹽 1/4 小匙
全蛋 35 克
低筋麵粉 165 克

★餡料
吉利丁片 2 片
新鮮覆盆子 150 克
奶油乳酪（cream cheese）120 克
細砂糖 70 克
動物性鮮奶油 100 克
牛奶 50 克
香橙酒（或蘭姆酒）1 小匙
檸檬汁 2 小匙
檸檬皮屑 1 小匙

★裝飾
動物性鮮奶油 100 克
細砂糖 10 克
新鮮覆盆子 數顆

1 **脆酥甜派皮：**
依 p.16、21~22 的做法製作派皮，並依 p.25 的做法，將派皮烘烤完成備用。

2 **餡料：** 吉利丁片用冰塊水（冰開水＋冰塊）泡軟備用，新鮮覆盆子用叉子儘量壓成泥狀。

3 奶油乳酪放在室溫下回軟，與細砂糖倒入煮鍋內，隔水加熱攪勻。

4 將動物性鮮奶油及牛奶（秤在一起）先倒入約 1/3 的分量，邊加熱邊攪勻，儘量攪至乳酪無顆粒，接著倒入剩餘的分量。

5 倒入香橙酒及覆盆子泥，攪勻後加入檸檬汁及檸檬皮屑（汁與皮屑放一起）。

6 將泡軟的吉利丁片擠乾水分，再倒入鍋內攪至融化，即可熄火；隔冰塊水冷卻後，再倒入派皮上，冷藏約 2~3 小時至凝固。

7 依 p.40 的做法將動物性鮮奶油及細砂糖打發，用尖齒花嘴在表面擠出交叉格狀，再放上新鮮覆盆子裝飾即可。

冷藏後品嚐，冷藏密封保存約2天

卡士達綜合水果派

果香、奶香加上微酸的白乳酪，成為既豐富又可口的甜派，而搭配的新鮮水果可依據個人喜好做變化。

使用派盤：
花型活動派盤
1個 (p.13)

材料

★ 脆酥甜派皮
- 無鹽奶油 80 克
- 糖粉 35 克
- 鹽 1/4 小匙
- 全蛋 35 克
- 低筋麵粉 165 克

★ 餡料

覆盆子果凍→
- 吉利丁片 2 片
- 細砂糖 35 克
- 冷開水 35 克
- 覆盆子果泥 65 克
- 柳橙汁 65 克

白乳酪卡士達→
- 蛋黃 35~40 克 (約 2 個)
- 細砂糖 40 克
- 低筋麵粉 20 克
- 牛奶 200 克
- 香草莢 1/2 根
- 無鹽奶油 100 克
- 白乳酪 (p.57 說明) 85 克

裝飾→
- 奇異果 2 個
- 新鮮覆盆子、藍莓 各 85 克

做法

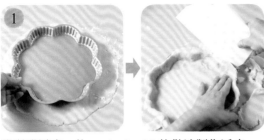

脆酥甜派皮：依 p.16、21~22 的做法製作派皮，並依 p.25 的做法，將派皮烘烤完成備用。

覆盆子果凍：吉利丁片用冰塊水（冰開水 + 冰塊）泡軟備用。細砂糖及冷開水倒入煮鍋內，再倒入覆盆子果泥及柳橙汁，用小火加熱煮至約 45℃左右，至細砂糖完全融化即可熄火。

吉利丁片擠乾水分後放入鍋內，攪拌至完全融化。隔冰塊水冷卻後，再倒入 6~7 吋的圓框內（底部墊上鋁箔紙，或用墊有保鮮膜的圓模亦可），冷凍凝固備用。

白乳酪卡士達：依 p.36~37 的做法製作卡士達，待完全冷卻後倒入白乳酪，攪勻後先將約 1/2 的分量倒入派皮上抹勻。

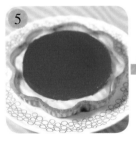

再將凝固的覆盆子果凍放在卡士達上，最後將剩餘的卡士達舖滿抹勻。

6 表面舖滿奇異果片、新鮮覆盆子及藍莓，冷藏約 2 小時待成品定型後，再切塊食用。

冷藏後品嚐，冷藏密封保存約 1~2 天

原味優格葡萄派

鮮甜多汁的無籽葡萄與優格味的乳酪糊，融為一體的清爽口感，是值得一嚐的水果派。

材料

使用派盤：
7吋活動派盤
1個（p.12）

★ 油酥甜派皮
低筋麵粉 120 克
糖粉 25 克
鹽 1/8 小匙
無鹽奶油 65 克
蛋黃 15 克
牛奶 15 克

★ 餡料
奶油杏仁餡→
無鹽奶油 45 克
細砂糖 40 克
全蛋 55 克
香橙酒（或蘭姆酒）1/4 小匙
杏仁粉 45 克
低筋麵粉 20 克

乳酪糊→
奶油乳酪（cream cheese）85 克
細砂糖 15 克
動物性鮮奶油 20 克
原味優格 45 克
檸檬汁 1 小匙
檸檬皮屑 1 小匙
配料→
無籽葡萄 300 克

做法

1

2

3

油酥甜派皮：依 p.14~15、21~22 的做法製作派皮，並依 p.23~24 的做法，將派皮烘烤約 10~15 分鐘（半熟派皮）。

奶油杏仁餡：依 p.34~35 的做法製作奶油杏仁餡，再倒入派皮上。

烤箱預熱後，以上火 190℃、下火 210℃ 烤約 15~20 分鐘，烤至杏仁糊完全不沾黏即可，出爐後可用湯匙輕拍膨脹的表面，即會平坦。

4

乳酪糊：奶油乳酪放在室溫下回軟，加入細砂糖打發，再依序倒入動物性鮮奶油、原味優格及檸檬汁、檸檬皮屑（放在一起），攪拌均勻。

5

6 將無籽葡萄切半，舖滿在乳酪糊上，冷藏約 2 小時待成品定型後，再切塊食用。

乳酪糊攪至光滑細緻狀，倒入做法③的餡料上，用抹刀抹勻。

冷藏後品嚐，
冷藏密封保存
約1~2天

也可將整顆無籽葡萄舖滿在乳酪糊上。

香滑哈密瓜派

哈密瓜的清甜與兩種不同風味的軟滑夾心，再配上香酥派皮，
吃在口中的豐富滋味，令人回味無窮。

使用派盤：
花型活動派盤
1個（p.13）

材料

★ 油酥甜派皮
┌ 低筋麵粉　160 克
│ 糖粉　30 克
└ 鹽　1/4 小匙
　無鹽奶油　80 克
┌ 蛋黃　20 克
└ 牛奶　20 克

★ 餡料
　哈密瓜　1 個
乳酪糊→
　奶油乳酪（cream cheese）125 克
　細砂糖　30 克
　動物性鮮奶油　25 克
　全蛋　35 克
┌ 檸檬汁　2 小匙
└ 檸檬皮屑　1 小匙
　原味優格　30 克

檸檬卡士達→
　蛋黃　18～20 克
　細砂糖　20 克
　低筋麵粉　10 克
　牛奶　75 克
　檸檬汁　25 克
　檸檬皮屑　1/2 小匙
　無鹽奶油　40 克
裝飾→
　覆盆子　數顆

做法

1

油酥甜派皮：依 p.14~15、21~22 的做法製作派皮，並依 p.23~24 的做法，將派皮烘烤約 10~15 分鐘（半熟派皮）。

2

乳酪糊：奶油乳酪在室溫下回軟，與細砂糖倒入煮鍋內，接著倒入動物性鮮奶油，隔水加熱攪勻（儘量攪至奶油乳酪無顆粒狀），熄火後依序倒入全蛋、檸檬汁及檸檬皮屑攪勻。

3

最後倒入原味優格，攪成光滑細緻的乳酪糊。

4

將乳酪糊倒入做法①的派皮上。烤箱預熱後，以上火 150℃、下火 210℃烤約 15~20 分鐘，用手輕壓乳酪糊的中心部位，如有彈性（稍微有點沾黏）即可出爐。

5

檸檬卡士達：依 p.36~37 的做法製作卡士達，在 p.37 做法⑩煮成濃稠狀時，接著加入檸檬汁及檸檬皮屑，最後加入無鹽奶油攪勻即可。

6

檸檬卡士達隔冰塊水冷卻後，再倒入派皮上抹平，冷藏約 1 小時定型後，再取出舖上哈密瓜薄片，放上覆盆子裝飾。

7 將成品再冷藏約 1 小時，定型後再切塊食用。

冷藏後品嚐，
冷藏密封保存
約1~2天

香酥乾果派

類似雙皮派的效果，皮餡合一，酥脆又香濃，表層刨絲的「麵糰條」與一坨坨的
麵屑（crumble），兩者有異曲同工之妙喔！

材料

★杏仁甜派皮
無鹽奶油 60 克
糖粉 25 克
鹽 1/4 小匙
全蛋 40 克
低筋麵粉 130 克
杏仁粉 15 克

使用派盤：
7吋活動派盤
1個（p.12）

★餡料

紅糖杏仁餡→
無鹽奶油 45 克
紅糖 45 克
全蛋 45 克
杏仁粉 40 克
低筋麵粉 2 小匙

綜合乾果→
葡萄乾 130 克
蘭姆酒 90 克
全蛋 25 克
細砂糖 20 克
碎核桃（先烤熟）80 克

做法

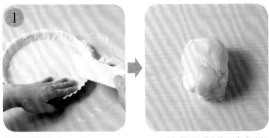

① 杏仁甜派皮：依 p.16、21~22 的做法製作派皮備用，並將剩餘的麵糰整成橢圓形，冷凍凝固備用。

冷卻後常溫品嚐，室溫密封保存約3~4天

② 紅糖杏仁餡：依 p.34~35 的做法製作紅糖杏仁餡，直接倒入做法①的生派皮上，用抹刀稍微抹平。

③ 烤箱預熱後，以上火 170~180℃、下火 220℃ 烤約 20~25 分鐘，待派皮稍微上色、杏仁餡完全不沾黏即可，烘烤後表面出現膨脹時，可用叉子插洞即可恢復平整。

④ 綜合乾果：葡萄乾加入蘭姆酒浸泡約 1 小時（泡軟即可），擠乾後與全蛋混合攪勻，再依序加入細砂糖及碎核桃拌勻。

⑤ 將綜合果乾倒入做法③的派皮上，再用剉板將做法①的硬麵糰剉成條狀，直接覆蓋在乾果上。

⑥ 烤箱預熱後，以上火 190~200℃、下火 210~220℃烤約 15~20 分鐘，待條狀麵糰上色即可，成品出爐冷卻後再切塊食用。

77

南瓜派

這道家常的甜派,不一定只是萬聖節專屬的,材料中的基本香料,除了肉桂粉外,也可依個人喜好再添加薑粉及荳蔻粉來增香提味;簡單易做又美味,無論何時都能享用喔!

使用派盤:
9吋活動派盤
1個 (p.12)

材料

★油酥甜派皮

低筋麵粉 160 克
糖粉 30 克
鹽 1/4 小匙
無鹽奶油 80 克
蛋黃 20 克
牛奶 20 克

★餡料

南瓜塊 400 克
細砂糖 70 克
鹽 1/8 小匙
全蛋 110 克
動物性鮮奶油 30 克
牛奶 55 克
肉桂粉 1/4 小匙
低筋麵粉 1 大匙 (約 7 克)

油酥甜派皮：依 p.14~15、21~22 的做法，將派皮製作完成，並依 p.23~24 的做法，將派皮烤約 10~15 分鐘（半熟派皮）。

餡料：南瓜切成小塊蒸熟後，將蒸碗內的水分瀝出，用橡皮刮刀在粗篩網上壓出南瓜泥，注意篩網底部的南瓜泥也要刮乾淨。

壓出南瓜泥後，將篩網上的粗纖維丟棄，南瓜泥約 300~320 克。

將細砂糖、鹽及全蛋倒入南瓜泥中，用攪拌器攪勻。

將動物性鮮奶油及牛奶秤在一起，倒入做法④內，用攪拌器攪勻。

再倒入肉桂粉及麵粉，用攪拌器攪勻，要用順時針、逆時針方向交互地攪拌，即可順利攪勻。

將做法⑥的南瓜糊倒入做法①的派皮上，並用橡皮刮刀將沾黏在容器上的南瓜糊也刮乾淨。

8 烤箱預熱後，以上火 170~180℃、下火 210℃ 烤約 20~25 分鐘，用手觸摸南瓜派的中心處，如呈現固態狀即可。

冷藏後或常溫品嚐，室溫或冷藏密封保存約1~2天

79

輕乳酪蜜李派

分蛋式做法的乳酪蛋糕為大家所熟悉，搭配軟質水果及酥香派皮一起烘烤，則呈現更有層次的口感。

使用派盤：
9吋活動派盤
1個 (p.12)

材料

★油酥甜派皮

低筋麵粉 160 克
糖粉 30 克
鹽 1/4 小匙
無鹽奶油 80 克
蛋黃 20 克
牛奶 20 克

★餡料

酒漬蜜李→

蜜李 6 個（約 450 克）
細砂糖 25 克
蘭姆酒 100 克

乳酪糊→

奶油乳酪（cream cheese）120 克
細砂糖 10 克
蛋黃 35 克
檸檬汁 10 克
檸檬皮屑 1 小匙
低筋麵粉 15 克
原味優格 40 克
蛋白 40 克
細砂糖 20 克

做法

油酥甜派皮： 依 p.14~15、21~22 的做法製作派皮，並依 p.23~24 的做法，將派皮烘烤約 10~15 分鐘（半熟派皮）。

酒漬蜜李： 在蜜李中心處縱切一圈，用手旋轉即可分成 2 瓣，將籽剔掉後每一瓣再切成 3 小瓣，放入容器內加細砂糖及蘭姆酒，浸漬約 1 小時。

    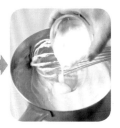

乳酪糊： 奶油乳酪在室溫下回軟，與細砂糖倒入煮鍋內，隔水加熱攪勻（儘量攪至乳酪無大顆粒），熄火後依序倒入蛋黃、麵粉、檸檬汁、檸檬皮屑及原味優格，攪成均勻的蛋黃乳酪糊。

用攪拌機將蛋白攪散後，分 2 次倒入細砂糖，攪打成細緻且不會流動的蛋白霜，再分 2 次與蛋黃乳酪糊拌勻。

將做法④的乳酪糊倒入派皮上，將表面抹平後，送入已預熱的烤箱中，以上火 170~180℃、下火 210℃ 烤約 20 分鐘，待乳酪糊烤至 8 分熟（邊緣已呈固態狀，中心部位仍會濕黏時）即出爐。

接著將蜜李塊擦乾，鋪排在乳酪糊上，續烤約 10 分鐘，用小刀插入乳酪糊中心部位，稍有沾黏即可出爐。

◎ 酒漬蜜李中的細砂糖與蘭姆酒的用量，可隨個人的口感偏好做增減；也可利用 p.93的糖漬蜜李的方式製作。

冷藏後或常溫品嚐，室溫或冷藏密封保存約1~2天

太妃堅果派

焦香甜美的太妃醬與堅果搭配時,永遠是討好味蕾的,特別是襯著香酥派皮,口感滋味更讚啦!

材料

使用派盤:
7吋活動派盤
1個(p.12)

★油酥甜派皮
- 低筋麵粉 120 克
- 糖粉 25 克
- 鹽 1/8 小匙
- 無鹽奶油 65 克
- 蛋黃 15 克
- 牛奶 15 克

★餡料
- 細砂糖 105 克
- 動物性鮮奶油 130 克
- 無鹽奶油 25 克
- 鹽 1/8 小匙
- 開心果、核桃、夏威夷果仁
  (都要烤熟)各 65 克

做法

 ①

 ②

 ③

油酥甜派皮：依 p.14~15、21~22 的做法製作派皮，並依 p.25 的做法，將派皮烘烤完成備用。

餡料：細砂糖倒入煮鍋內，用小火加熱會漸漸融化，為使細砂糖受熱均勻，續煮過程中，可用木匙稍微攪動，接著糖漿的色澤會由淺入深。

 ③

接著慢慢倒入動物性鮮奶油，用木匙輕輕地攪勻，再度沸騰後接著倒入奶油，攪勻後即成太妃醬。

 ④

 ⑤

最後在太妃醬內加入鹽攪勻，續煮至更濃稠，再倒入開心果、核桃及夏威夷果仁攪勻，最後的糖漿變得更少、更濃稠時再熄火。

將做法④裹著太妃醬的綜合堅果，全部倒入烤熟的派皮上，用刮刀或抹刀輕輕地攤開並壓緊，冷藏約 1 小時凝固後，即可切塊食用。

常溫或冷藏後品嚐，常溫或冷藏密封保存約4~5天

生巧克力派

這道冷藏式的巧克力派，通常會以尺寸較小的甜塔呈現，為法式甜點中不可或缺的產品，濃郁、香醇來自於富含可可脂的苦甜巧克力。

材料

使用派盤：
心型活動派盤
1個 (p.13)

★可可杏仁甜派皮
- 無鹽奶油 55 克
- 糖粉 30 克
- 鹽 1/8 小匙
- 全蛋 15 克
- 冷水 10 克
- 低筋麵粉 95 克
- 無糖可可粉 15 克
- 杏仁粉 10 克

★餡料
- 動物性鮮奶油 110 克
- 苦甜巧克力 190 克
- 葡萄糖漿（Glucose）35 克
- 無鹽奶油 100 克
- 香橙酒（或蘭姆酒）1 小匙

★裝飾
- 無糖可可粉 1 大匙
- 核桃（已烤熟）數粒

做法

1. **可可杏仁甜派皮**：依 p.16、21~22 的做法製作派皮，在做法⑥中將低筋麵粉、無糖可可粉及杏仁粉倒入搓揉成糰，並依 p.25 的做法將派皮烘烤完成備用。

2. **餡料**：動物性鮮奶油倒入煮鍋內，隔水加熱，接著倒入苦甜巧克力，邊加熱邊攪拌，必須控制巧克力的溫度勿超過 50℃。

3. 當巧克力快要完全融化時即熄火，接著加入葡萄糖漿、無鹽奶油及香橙酒，用橡皮刮刀攪勻。

4. 持續攪成光滑細緻的巧克力醬，待稍微冷卻後再倒入烤好的派皮上（預留約 2 大匙裝飾用），冷藏約 1 小時呈凝固狀，再篩上均勻的無糖可可粉。

5. 將剩餘的巧克力醬淋在核桃表面，放在成品表面裝飾，將成品冷藏凝固定型即可切塊食用。

◎ 如果無法取得葡萄糖漿，則改用一般果糖或液體糖漿。
◎ 為凸顯這道巧克力甜派濃郁且且化口性佳的優點，請務必使用富含可可脂的苦甜巧克力。

冷藏後品嚐，
冷藏密封保存
約3~4天

85

香栗杏仁派

甜美的栗子泥與香氣十足的杏仁糊,是十分匹配的,軟滑的餡料加上派皮的酥脆,合而為一的美味口感,甚至比經典的蒙布朗還要好吃喔!

使用派盤:
9吋活動派盤
1個(p.12)

材料

★油酥甜派皮
[低筋麵粉 160 克
糖粉 30 克
鹽 1/4 小匙]
無鹽奶油 80 克
[蛋黃 20 克
牛奶 20 克]

★餡料
栗子杏仁餡→
無鹽奶油 60 克
細砂糖 60 克
全蛋 80 克
低筋麵粉 25 克
無糖栗子泥 50 克
杏仁粉 45 克
糖漬栗子粒 150 克
(去掉糖漿後)

栗子奶油糊→
無糖栗子泥 120 克
無鹽奶油 50 克
細砂糖 45 克
動物性鮮奶油 50 克
香橙酒(或蘭姆酒)10 克

★裝飾
糖漬栗子粒 約 100 克

做法

① **油酥甜派皮**：依 p.14~15、21~22 的做法製作派皮，並依 p.23~24 的做法，將派皮烘烤約 10~15 分鐘（半熟派皮）。

② **栗子杏仁餡**：無鹽奶油放在室溫下軟化，加入細砂糖及 1/2 分量的全蛋液攪勻後，再加入麵粉及剩餘的蛋液攪勻。

③ 接著倒入無糖栗子泥，攪勻後再倒入杏仁粉，全部材料攪勻後接著倒入做法①的派皮上，抹勻後放入糖漬栗子粒。

④ 烤箱預熱後，以上火 180~190℃、下火 210~220℃烤約 15~20 分鐘，杏仁糊完全不沾黏即可。

⑤ **栗子奶油糊**：用攪拌機將無糖栗子泥攪散，再依序加入軟化的無鹽奶油、細砂糖、動物性鮮奶油及香橙酒，攪成滑順狀。

⑥ 將糖漬栗子粒的糖漿擦乾，在烤好的派餡邊鋪排一圈，再用尖齒花嘴以垂直方式將栗子奶油糊擠在表面。

⑦ 將成品冷藏約 1 小時凝固定型後，再切塊食用。

冷藏後品嚐，
冷藏密封保存
約2~3天

果香藍莓派

餡料是以新鮮藍莓為主，另加蘋果丁當配料，可增加口感與香氣，
並利用交叉格子狀的派皮，以防止餡料直接受熱。

材料

使用派盤：
8吋斜邊派盤
1個（p.12）

★油酥甜派皮
┌低筋麵粉 160 克
│糖粉 30 克
└鹽 1/4 小匙
　無鹽奶油 80 克
┌蛋黃 20 克
└牛奶 20 克

★餡料
　杏仁粉 30 克
┌新鮮藍莓 250 克
│蘋果丁 150 克
│細砂糖 45 克
│香橙酒（或蘭姆酒）1 小匙
│檸檬汁、檸檬皮屑 各 1 小匙
└玉米粉 5 克
　全蛋 1 個（刷派皮用）

做法

油酥甜派皮：依 p.14~15、21~22 的做法，將派皮製作完成，鋪好在派盤上靜置備用。並將多餘的麵糰壓平後冷藏備用。

烤箱預熱後，以上、下火 150℃將杏仁粉烤成淡淡的金黃色備用。

新鮮藍莓及蘋果丁（儘量用青蘋果，削皮後切成約 1 公分的丁狀）加入細砂糖攪勻，靜置約 10~15 分鐘待細砂糖融化，再開中、小火加熱，接著倒入香橙酒、檸檬汁及檸檬皮屑。

用中、小火加熱持續沸騰，約煮 3~5 分鐘後，倒入玉米粉攪勻，最後用小火續煮至蘋果變軟即熄火，冷卻後備用。

將剩餘的麵糰擀成厚約 0.3 公分的片狀，再切割成寬約 1 公分的長條狀。

將做法②的杏仁粉鋪在派皮上，接著將冷卻的餡料倒在杏仁粉上。

依 p.28~29 的做法，將長條狀麵糰以交叉方式覆蓋在派盤上，再刷上均勻的蛋液，放在室溫下靜置約 5 分鐘。

8 烤箱預熱後，以上火 200℃、下火 220℃烤約 25 分鐘，派皮呈現金黃色即可出爐。

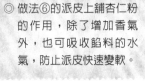

◎ 做法⑥的派皮上鋪杏仁粉的作用，除了增加香氣外，也可吸收餡料的水氣，防止派皮快速變軟。

常溫品嚐，室溫放置約 1~2 天

超濃松露起士派

白色乳酪糊中的黑色乳酪糊，可不是一般大理石成品的裝飾，而是在乳酪糊內添加了濃濃的松露巧克力，所以，這是一道濃得化不開的美味。

使用派盤：
8吋斜邊派盤
1個 (p.12)

★ 材料

★ 脆酥甜派皮
- 無鹽奶油 55 克
- 糖粉 25 克
- 鹽 1/8 小匙
- 全蛋 25 克
- 低筋麵粉 115 克

★ 餡料
- 奶油乳酪 (cream cheese) 250 克
- 苦甜巧克力 100 克
- 動物性鮮奶油 35 克
- 細砂糖 70 克
- 白乳酪 (p.57 說明) 150 克
- 全蛋 70 克
- 全蛋 1 顆 (刷派皮用)

做法

脆酥甜派皮：依 p.16、21~22、29 的做法，將派皮製作完成，並依 p.23~24 的做法，將派皮烤約 10 分鐘。

取出派皮後，在派皮表面刷上蛋液，再續烤 5 分鐘，注意：將派皮周圍用鋁箔紙包好，可防止加餡料續烤時上色過度。

餡料：秤好的奶油乳酪放在室溫下回軟備用，依 p.85 的做法②，將苦甜巧克力及動物性鮮奶油一起隔水加熱，成為細緻的巧克力糊。

將軟化的奶油乳酪與細砂糖一起放入煮鍋內，隔水加熱攪勻（儘量攪至乳酪無大顆粒），熄火後接著加入白乳酪及全蛋液，用攪拌器攪成均勻的乳酪糊。

將乳酪糊倒入派皮上，接著用湯匙將巧克力糊舀在乳酪糊上，再用湯匙將巧克力糊稍微劃開。

送入烤箱前，須用 2 張鋁箔紙蓋在派皮上（防止乳酪糊烘烤過度），烤箱預熱後，以上火 190℃、下火 210℃ 烤約 20 分鐘。成品出爐後，降溫冷藏定型後再切塊食用。

冷藏後品嚐，冷藏密封保存約3~4天

◎用小刀插入乳酪糊中心部位，如有一點沾黏即可出爐（邊緣大部分的乳酪糊已呈固態狀），冷藏後成品即成固態狀，千萬別烤過頭囉！

李子派

有別於p.80「輕乳酪蜜李派」，同樣以蜜李為主料，
但搭配的餡料不同，則有完全不同風味的口感。

材料

使用派盤：
9吋活動派盤
1個 (p.12)

★油酥甜派皮

低筋麵粉 160 克
糖粉 30 克
鹽 1/4 小匙
無鹽奶油 80 克
蛋黃 20 克
牛奶 20 克

★餡料

糖漬蜜李→

蜜李 4 個
細砂糖 30 克
蘭姆酒 1 大匙

酸奶油杏仁餡→

全蛋 50 克
細砂糖 60 克
低筋麵粉 40 克
酸奶油 65 克
動物性鮮奶油 150 克
杏仁粉 10 克
香橙酒（或蘭姆酒）5 克

做法

冷藏或常溫品嚐均可，冷藏密封保存約1~2天

油酥甜派皮：依 p.14~15、21~22 的做法製作派皮，並依 p.23~24 的做法，將派皮烤約 10~15 分鐘（半熟派皮）。

糖漬蜜李：依 p.81 的做法②，將蜜李切開後將籽挖除，每一瓣切成厚約 0.3 公分的片狀，再加入細砂糖及蘭姆酒浸漬約 30 分鐘。

酸奶油杏仁餡：全蛋加細砂糖先用攪拌器攪勻，接著依序加入低筋麵粉、酸奶油（或改用白乳酪）及動物性鮮奶油（注意：每次攪勻後，才可加入另一個材料）。

最後倒入杏仁粉及香橙酒，攪勻後倒入做法①的派皮上。

烤箱預熱後，以上火 190℃、下火 210℃烤約 20 分鐘，待杏仁餡烤至約八分熟即出爐（注意：不用烤全熟，因爲接下來還會續烤）。

做法②的蜜李片用廚房紙巾擦乾，直接鋪滿在做法⑤派皮表面，最後撒上約 5 公克的二砂糖（材料外的分量），繼續烘烤約 10~15 分鐘，至二砂糖融化、杏仁糊完全不沾黏即可。

⑦ 成品出爐後，稍微降溫定型再切塊食用。

芒果乳酪水果派  參見DVD示範

烤至八、九分熟的芒果乳酪，夾在餡料中，猶如加了芒果泥的乳酪糊，濕軟細
緻，配上任何新鮮水果都非常順口美味。

材料

使用派盤：
7吋活動派盤
1個（p.12）

★ 油酥甜派皮
- 低筋麵粉 120 克
- 糖粉 25 克
- 鹽 1/8 小匙
- 無鹽奶油 65 克
- 蛋黃 15 克
- 牛奶 15 克

★ 餡料
乳酪糊→
奶油乳酪 170 克
細砂糖 40 克
全蛋 65 克
酸奶油 65 克
芒果果泥 110 克
打發的鮮奶油→
動物性鮮奶油 150 克
細砂糖 15 克

★ 裝飾
草莓、藍莓 適量

做法

油酥甜派皮：依 p.14~15、21~22 的做法，將派皮製作完成，並依 p.25 的做法，將派皮烘烤完成（或八分熟）備用。

乳酪糊：秤好的奶油乳酪放在室溫下回軟，與細砂糖一起放入煮鍋內，隔水加熱攪勻（儘量攪至乳酪無大顆粒），熄火後接著依序加入蛋液及酸奶油，用攪拌器攪勻。

最後加入芒果果泥，攪拌均勻後再倒入派皮上。

要送入烤箱前，須用 2 張鋁箔紙蓋在派皮上（防止乳酪糊烘烤過度），烤箱預熱後，以上火 170~180℃、下火 200℃ 烤約 20 分鐘。

用小刀插入乳酪糊中心部位，如有一點沾黏即可出爐（邊緣大部分的乳酪糊已呈固態狀），待冷藏後，乳酪糊即成固態狀，千萬別過度烘烤。

依 p.40 做法將動物性鮮奶油打發，用大的平口花嘴先在芒果乳酪表面擠圈狀（用抹刀直接塗抹薄薄一層亦可），接著在外圈連續擠出圓球形鮮奶油。

冷藏後品嚐，冷藏密封保存約2天

將草莓、藍莓等新鮮水果舖滿，成品完成後，冷藏約 1 小時定型後再切塊食用。

咖啡可可派

咖啡與可可能夠融合提味，夾心的可可麵糊，
烤熟後有如濕潤的「布朗尼」，
為了增添滑潤度和香甜口感，
表面的咖啡卡士達絕對功不可沒。

使用派盤：
7吋活動派盤
1個（p.12）

材料

★可可脆酥甜派皮

┌ 無鹽奶油 55 克
│ 糖粉 25 克
└ 鹽 1/8 小匙
┌ 全蛋 15 克
└ 冷水 10 克
┌ 低筋麵粉 100 克
└ 無糖可可粉 15 克

★餡料

可可麵糊→

┌ 無鹽奶油 65 克
└ 苦甜巧克力 45 克
┌ 全蛋 80 克
└ 細砂糖 50 克
無糖可可粉 1 又 1/2 小匙（約 4 克）
低筋麵粉 40 克
杏仁粉 2 小匙
碎核桃（生的）45 克

咖啡卡士達→

無鹽奶油 130 克
┌ 即溶咖啡粉 約 15 克
└ 冷開水 15 克
蛋黃 50 克
細砂糖 65 克
低筋麵粉 25 克
牛奶 230 克

巧克力醬→

苦甜巧克力 25 克
動物性鮮奶油 25 克
牛奶 10 克
無鹽奶油 15 克

做法

可可脆酥甜派皮：依 p.16、21~22 的做法，將派皮製作完成，並依 p.23~24 的做法，將派皮烤約 10~15 分鐘（半熟派皮）。

可可麵糊：無鹽奶油及苦甜巧克力分別放在容器中，隔水加熱融化成液體。**注意**：加熱時必須邊攪動一下，快要融化時，即離開熱水。

冷藏後品嚐，冷藏密封保存約2~3天

全蛋加細砂糖混合攪勻，接著倒入無糖可可粉攪勻，再分別倒入做法②融化的無鹽奶油及巧克力。

上述材料都攪勻後，接著倒入麵粉攪成均勻且光滑的質地，最後倒入杏仁粉攪成可可麵糊。

將可可麵糊倒入派皮上，用抹刀稍微抹平後，再撒上碎核桃，接著送入已預熱的烤箱中，以上火 190℃、下火 220℃ 烤約 20~25 分鐘，麵糊不沾黏即可。

咖啡卡士達：依 p.39 的做法，將咖啡卡士達製作完成，並放在冰塊水上冷卻備用（p.37 做法⑭）。

用平口大花嘴以傾斜方式在表面擠出圓球狀。

依 p.49 做法②將巧克力醬製作完成，在卡士達表面來回擠出細線條裝飾即可。

成品完成後，冷藏約 1 小時定型後再切塊食用。

焦糖香蕉派

香蕉藉由焦化過程，質地更加軟綿、香濃，當成餡料時，
還特別添加葡萄乾及核桃增加風味，
如此一來，口感才不至於單調。

材料

使用派盤：
8吋斜邊派盤
1個（p.12）

★簡易千層派皮
- 低筋麵粉 160 克
- 細砂糖 10 克
- 鹽 1/4 小匙
- 無鹽奶油 100 克
- 冰水 70 克

★餡料

酸奶油杏仁餡→
- 無鹽奶油 40 克
- 全蛋 85 克
- 細砂糖 50 克
- 低筋麵粉 20 克
- 杏仁粉 40 克
- 酸奶油 50 克

配料→
- 葡萄乾 50 克
- 蘭姆酒 30 克
- 碎核桃（生的）35 克

焦糖香蕉→
- 香蕉 2~3 根
- 細砂糖 100 克
- 無鹽奶油 30 克

做法

1

簡易千層派皮：依 p.17~19 的做法，將派皮製作完成，並依 p.23、29 的做法，在派皮上插洞，並在邊緣用叉子壓出痕跡，在室溫下靜置鬆弛約 20 分鐘。

2

葡萄乾用蘭姆酒泡軟。依 p.23~24 的做法，將派皮烤至半熟，葡萄乾擠乾後鋪在派皮上備用。

常溫品嚐，室溫放置約 1~2 天

3

焦糖香蕉：細砂糖倒入鍋內，用小火加熱直到上色，再加入奶油，稍微攪拌後奶油即會融化。

4

將香蕉切半放入鍋內，輕輕地攪動，約煮 1 分鐘，熄火後靜置備用。

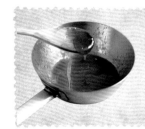

製作焦糖香蕉剩餘的焦糖醬汁，可當作蛋糕或薄餅的沾醬。

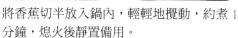

5

酸奶油杏仁餡：無鹽奶油隔水加熱（或微波加熱）成液體備用，全蛋倒入容器內，再依序加入細砂糖、低筋麵粉、融化的奶油、杏仁粉及酸奶油（每加入一項材料都要攪勻，才能繼續加下一個材料）。

6

將做法⑤的杏仁糊倒入做法②的派皮上，接著將焦糖香蕉切成小段，再放入杏仁餡上，最後撒上碎核桃。

7 烤箱預熱後，以上火 180~190℃、下火 220℃烤約 25 分鐘，中心部位的杏仁餡烤成固態狀，完全不沾黏即可出爐。

99

椰香芋頭派

低甜度的芋頭，配上香濃甜美的「椰漿奶糊」，味道很合，烤好之後即是一道簡單的「芋頭派」，如果再抹上一層打發的鮮奶油，滑潤的口感更加討好。

材料

使用派盤：
9吋活動派盤
1個（p.12）

★ 油酥甜派皮
低筋麵粉 160 克
糖粉 30 克
鹽 1/4 小匙
無鹽奶油 80 克
蛋黃 20 克
牛奶 20 克

★ 餡料
芋頭塊 250 克
椰漿奶糊→
全蛋 100 克
細砂糖 55 克
玉米粉 10 克
椰漿 80 克
動物性鮮奶油 50 克

★ 裝飾
動物性鮮奶油 50 克
細砂糖 5 克
無糖可可粉 少許

做法

油酥甜派皮：依 p.14~15、21~22 的做法，將派皮製作完成，並依 p.23~24 的做法，將派皮烤約 10~15 分鐘（半熟派皮）。

餡料：芋頭切成塊狀再蒸熟，冷卻後再切成 2~3 公分的小塊，再平均地鋪排在派皮上。

椰漿奶糊：將全蛋及細砂糖放在同一容器中，先用攪拌器攪散，再倒入玉米粉攪至無顆粒狀。

接著分別倒入椰漿及動物性鮮奶油，攪勻後即成「椰漿奶糊」。

⑤ 椰漿奶糊放在室溫下靜置約 10 分鐘，再倒入做法②的派皮上。

⑥ 烤箱預熱後，以上火 180~190℃、下火 220℃ 烤約 25 分鐘，最後可用手輕輕地觸摸中心部位，如椰漿奶糊烤成固態狀即可出爐。

⑦ 依 p.40 做法將動物性鮮奶油打發，均勻地抹在冷卻的成品表面，接著可用小抹刀刮出紋路，並篩些無糖可可粉裝飾。

⑧ 成品完成後，冷藏約 1 小時定型後再切塊食用。

冷藏後品嚐，
冷藏密封保存
約1~2天

黑芝麻派

黑芝麻研磨成「粉」與「醬」，呈現不同的質地，應用於派餡製作，
達到極致的香濃效果；讓人驚艷的好味道，值得品嚐喔！

使用派盤：
9吋活動派盤
1個（p.12）

材料

★油酥甜派皮
低筋麵粉 160 克
糖粉 30 克
鹽 1/4 小匙
無鹽奶油 80 克
蛋黃 20 克
牛奶 20 克

★餡料

黑芝麻乳酪糊→
奶油乳酪（cream cheese）200 克
細砂糖 45 克
牛奶 25 克
動物性鮮奶油 85 克
全蛋 55 克
黑芝麻粉 30 克

黑芝麻卡士達→
蛋黃 40 克
細砂糖 60 克
低筋麵粉 20 克
牛奶 150 克
黑芝麻醬 50 克
無鹽奶油 80 克

裝飾→
熟的白芝麻粒 20 克
無花果（或其他新鮮水果）3 顆

做法

1 油酥甜派皮：依 p.14~15、21~22 的做法，將派皮製作完成，並依 p.23~24 的做法，將派皮烘烤約 10~15 分鐘（半熟派皮）。

冷藏後品嚐，冷藏密封保存約2~3天

黑芝麻乳酪糊：秤好的奶油乳酪放在室溫下回軟，與細砂糖一起放入煮鍋內，隔水加熱攪勻（儘量攪至乳酪無大顆粒），依序倒入牛奶及動物性鮮奶油攪勻後即熄火，接著加入全蛋，最後倒入黑芝麻粉攪勻。

3 倒入做法①的派皮上，依 p.95 的做法④~⑤將黑芝麻乳酪糊烘烤完成，冷卻備用。

4 **黑芝麻卡士達**：依 p.36~37 的做法製作卡士達，趁熱依序倒入黑芝麻醬及無鹽奶油，用攪拌器快速攪勻。

5 依 p.37 的做法 ⑭，待黑芝麻卡士達完全冷卻後，在表面中心部位以順時針方式擠滿（或直接用抹刀將卡士達抹勻），接著隨興撒上熟的白芝麻，並放上切塊的新鮮無花果裝飾。

6 成品完成後，冷藏約 1 小時定型後再切塊食用。

黑芝麻醬

為100%由黑芝麻研磨而成的醬料，質地細緻，呈濃稠膏狀，味道濃郁，適合用於各式糕點製作；使用時，必須先攪勻再取出用量。

杏桃派

自製的杏桃醬與香濃杏仁餡，成就了這道「杏桃派」的好味道，尤其搭配酥酥脆脆的千層派皮，特別對味！耐烤的杏桃以高溫烘烤後，仍呈現酸甜軟Q的口感，絕對比未烤前更加美味。

使用派盤：
9吋活動派盤
1個（p.12）

材料

★簡易千層派皮
低筋麵粉 160 克
糖粉 10 克
鹽 1/4 小匙
無鹽奶油 100 克
冰水 70 克

★餡料
冷凍杏桃 250 克
杏桃醬→
冷凍杏桃 250 克
細砂糖 60 克
水 1 小匙
香橙酒（或蘭姆酒）15 克
檸檬皮屑 1 小匙（約 2 克）

奶油杏仁餡→
無鹽奶油 40 克
細砂糖 35 克
全蛋 50 克
低筋麵粉 15 克
杏仁粉 40 克
香橙酒（或蘭姆酒）1/2 小匙
檸檬皮屑 1 小匙
二砂糖 5 克（撒表面）

做法

1 簡易千層派皮：依
p.17~19 的做法，將
派皮製作完成，並
依 p.23~24 的做法，
將派皮烤約 10~15 分
鐘（半熟派皮）。

常溫品嚐，冷
藏密封保存約
2~3天

杏桃醬：冷凍杏桃切成約 2~3 公分的丁狀，加入細砂糖及水攪勻，靜置室溫下，待細砂糖融化後，以小火加熱，煮到沸騰後倒入香橙酒及檸檬皮屑。

持續用中小火加熱，直到杏桃塊變軟，成為濃稠狀，冷卻後備用。

4 **奶油杏仁餡**：依 p.34~35 的
做法製作奶油杏仁餡。

6 烤箱預熱後，以上火 210~220℃、
下火 230~240℃烤約 20~25 分鐘，
烤至杏仁糊完全不沾黏、杏桃變軟
即可出爐。

5 將冷卻後的杏桃醬均勻地抹在做法①的派皮上，再將奶油杏仁餡全部倒入杏桃醬表面，並用橡皮刮刀輕輕地抹勻，將冷凍杏桃再切半，舖排在表面，最後將二砂糖撒在冷凍杏桃表面。

提醒：冷凍杏桃未解凍直接放在派皮內烘烤時，烤溫必須調高些，一直烤到杏桃變軟即可；如回溫後再烘烤，必須將杏桃融化後滲出的水分擦乾，再舖排在杏仁糊表面。

冷凍杏桃（Apricot）

在台灣不易取得新鮮杏桃，因此利用進口的切半冷凍杏桃來製作，使用前可將每瓣杏桃切半或切成小塊，舖在杏仁糊上烘烤。

克拉夫蒂派

克拉夫蒂（Clafoutis）是一道法國的家常甜點，源自於法國南部里摩居（Limousin）地區，該地以產瓷器聞名；原本的製作方式是將蛋奶液與帶核的新鮮櫻桃直接盛裝在瓷盤內烘烤，並用湯匙挖起來品嚐，烤熟的成品帶有櫻桃籽的微苦氣味，後來大家為了食用方便，就將櫻桃籽去除，當然以甜派方式呈現，也絕對可行。

使用派盤：
9吋活動派盤
1個（p.12）

材料

★油酥甜派皮

低筋麵粉 160 克
糖粉 30 克
鹽 1/4 小匙
無鹽奶油 80 克
蛋黃 20 克
牛奶 20 克

★餡料

新鮮櫻桃 250 克（去籽後）
蛋奶醬汁→
全蛋 105～110 克（約 2 個）
細砂糖 50 克
低筋麵粉 10 克
牛奶 120 克
動物性鮮奶油 120 克
杏仁粉 30 克
香橙酒（或蘭姆酒）1 大匙

做法

1 油酥甜派皮：依 p.14~15、21~22 的做法，將派皮製作完成，並依 p.23~24 的做法，將派皮烘烤約 10~15 分鐘（半熟派皮）。

2 用櫻桃去籽器將櫻桃籽打掉。

3. 蛋奶醬汁：全蛋放入容器內，加入細砂糖攪勻，再倒入低筋麵粉，用攪拌器以不規則方向攪勻，接著依序倒入牛奶及動物性鮮奶油，攪勻後用粗篩網過篩。

4 過篩後殘留在篩網上的粉粒，可用橡皮刮刀壓過篩網，再從篩網底部將麵糊刮入蛋糊內，以避免損耗；接著倒入杏仁粉及香橙酒，用攪拌器攪勻。

5 將去籽的新鮮櫻桃平均地舖排在做法①的派皮上，再慢慢倒入蛋奶醬汁。

6 烤箱預熱後，以上火 180~190℃、下火 220℃烤約 25~30 分鐘，最後可用手輕輕地觸摸中心部位，如蛋奶醬汁烤成固態狀、完全不沾黏即可出爐。

常溫或冷藏後品嚐，冷藏密封保存約2~3天

蘋果奶酥派

來自於英國傳統的蘋果酥派（Apple Crumble），做法簡單又非常可口，隨興搓揉的小奶酥（Crumble）撒在蘋果丁上一起烘烤，其酸甜與酥香混合的滋味，再配上一口香草冰淇淋，就是討好味蕾的家常甜點；再襯上派皮呈現甜派樣式，同樣是美味無比。

使用派盤：
9吋活動派盤
1個（p.12）

材料

★油酥甜派皮
- 低筋麵粉 160 克
- 糖粉 30 克
- 鹽 1/4 小匙
- 無鹽奶油 80 克
- 蛋黃 20 克
- 牛奶 20 克

★餡料

糖漬蘋果
- 青蘋果 500 克（去皮後）
- 細砂糖 80 克
- 肉桂棒 1 根（或肉桂粉 1/2 小匙）
- 荳蔻粉 1/2 小匙
- 檸檬皮屑 1 小匙
- 蘋果酒 20 克
- 葡萄乾 35 克

奶油杏仁餡→
- 無鹽奶油 40 克
- 細砂糖 35 克
- 全蛋 50 克
- 低筋麵粉 15 克
- 杏仁粉 40 克
- 香橙酒（或蘭姆酒）1/2 小匙
- 檸檬皮屑 1 小匙

奶酥粒→
- 無鹽奶油 45 克
- 低筋麵粉 45 克
- 糖粉 30 克
- 杏仁粉 45 克
- 熟的白芝麻 10 克

蘋果酒（Calvados）

產地是法國，有40%~70%不同的酒精濃度，適用於各式西點調味，如無法取得則改用蘭姆酒（Rum）或香橙酒（Grand Marnier）。

做法

油酥甜派皮：依 p.14~15、21~22 的做法，將派皮製作完成，並依 p.23~24 的做法，將派皮烤約 10~15 分鐘（半熟派皮）。

糖漬蘋果：蘋果去皮去籽後，切成約 3~4 公分的塊狀，加細砂糖攪勻，靜置室溫下，待細砂糖融化後，用小火加熱，快要沸騰時加入肉桂棒及荳蔻粉，攪勻後加入檸檬皮屑及蘋果酒。

接著用中小火加熱，須適時地攪拌，續煮約 3~5 分鐘，待蘋果塊稍微變軟再倒入葡萄乾，煮至蘋果變軟且稍微縮小時即熄火，用篩網瀝掉多餘湯汁，冷卻備用。

奶油杏仁餡：依 p.34~35 的做法製作奶油杏仁餡。

奶酥粒：無鹽奶油切成約 2~3 公分的丁狀，再與低筋麵粉、糖粉及杏仁粉混合，用雙手輕輕搓勻，讓油粉均勻地結合，再用手捏成適當大小，最後將烤熟的白芝麻倒入混勻。

將奶油杏仁餡倒入做法①的派皮上，抹勻後舖上糖漬蘋果，最後將奶酥粒均勻地撒在表面。

⑦ 烤箱預熱後，以上火 190℃、下火 220℃ 烤約 25~30 分鐘，烤至杏仁餡完全不沾黏，奶酥粒及派皮上色即可。

◎青蘋果耐煮耐烤，非常適合製作甜點，如無法取得，則選用其他品種的蘋果來製作。

◎製作糖漬蘋果時，蘋果不要切太小，以免糖漬縮小後，失去口感。

◎奶酥粒（Crumble）：麵粉及奶油混合後，搓成的小麵屑，通常會撒在甜派、蛋糕或麵包表面，除增加酥脆口感外，也有裝飾效果；奶酥粒的顆粒大小，可依個人喜好製作，但儘量不要差距過大，以免影響烘烤上色速度。

溫熱品嚐，冷藏密封保存約 2~3 天

鹹派

輕食、正餐兩相宜

　　書中所指的「鹹派」即法式鹹派（Quiche），是來自法國東北部阿爾薩斯洛林區（Alsace Lorraine）的家常傳統料理，利用蛋奶醬汁與培根烘烤而成的餡餅，即是所謂的「洛林鹹派」；以此基本的製作方式，再以各式豐富的食材做變化，可輕易做出自己喜愛的獨家美味。

　　舉凡隨手可得的蔬菜、海鮮、肉類、各式乳酪及香料植物等，都能應用於鹹派上，用料可多可少，完全豐儉由人，厚薄隨意，但最後呈現的樣式，就是單張餅皮及敞開式的餡料組合，沒有另外覆蓋派皮。

　　以鹹派當做「輕食」料理，並佐以生菜沙拉及白酒，絕對能讓人吃得開心又滿足；尤其剛出爐的鹹派，熱氣騰騰、香氣十足，讓人無法抗拒，就算當成正餐食用，同樣具有飽足感。

　　除了法式鹹派之外，書中也有幾款以乳酪及「白醬」調製的口味，利用肉類、海鮮、乳酪及各式菇類等，製成分量飽滿的單皮派或雙皮派，也很讓品嚐者喜愛。

基本餡料

鹹派中的餡料，無論以何種素材製作，都必須能夠「聚合」，才方便切割或食用，以下的「蛋奶醬汁」及「白醬」，可視為餡料的基底醬料，充分運用即可做出各種口味的鹹派。

參見DVD示範

蛋奶醬汁

所謂的「蛋奶醬汁」，原名為「阿帕雷」（法文：Appaleil），是指蛋液、牛奶及動物性鮮奶油所組成的汁液，為製作法式鹹派必備的用料。其中的牛奶是指市售的冷藏鮮奶，動物性鮮奶油則有助於提升成品的香濃口感，但兩者的分量可互相調整；而蛋液經由加熱過程，即能讓液體變成固體，烘烤完成後，其口感猶如鹹口味的布丁，再加上各式配料的組合，即成美味的法式鹹派。

「蛋奶醬汁」的用量

- 製作鹹派如需利用蛋奶醬汁時，其用量可多可少，只要能夠接觸食材，烘烤成型即可，未必一定要將醬汁填滿，同時也可依個人喜好來增減用量。

- 食譜中的蛋奶醬汁用量，與派盤大小及配料多寡有關，配料越多，派皮內可容納的醬汁用量越少，反之，配料較少時，就需倒入較多的醬汁。

- 派皮製作的厚薄度，也影響「派殼」內的容量，如果派皮較厚，注入的蛋奶醬汁分量相對會減少。如有剩餘的蛋奶醬汁，可裝入容器內密封冷藏保存約2天，需要使用時，只要再攪勻即可倒入派皮內烘烤。

材料

全蛋	150 克
蛋黃	30 克
牛奶	150 克
動物性鮮奶油	150 克

做法

1. 全蛋及蛋黃放入容器中，用攪拌器攪散。

2. 倒入牛奶，用攪拌器以不規則方向攪勻。

3. 接著加入動物性鮮奶油，繼續攪勻。

4. 要以不規則方向，不斷地攪拌，直到蛋液、牛奶及動物性鮮奶油完全融合。

5. 最後用粗篩網過篩，即成為細緻均勻的蛋奶醬汁。

白醬

　　無鹽奶油與麵粉一起加熱炒香後，再倒入牛奶續煮並加以糊化，即成白色濃郁的奶油糊，俗稱「白醬」。通常用於西式的焗烤料理，也頻繁出現在義大利麵的製作，是經典又受歡迎的大眾化口味。

　　利用白醬的黏稠度來聚合所有材料，再加上適量的乳酪絲，經加熱烘烤而成為非常香濃的鹹派料理。

材料	
無鹽奶油	35 克
低筋麵粉	25 克
牛奶	150 克

做法

1. 無鹽奶油放入炒鍋中，用小火加熱融化，並用木匙（或耐熱橡皮刮刀）邊攪拌。

2. 無鹽奶油融化後，倒入低筋麵粉快速攪拌。

3. 用小火將麵粉糊炒勻、炒香。

4. 持續用小火炒至稍微冒泡。

5. 再慢慢倒入牛奶，同時必須不停地攪動。

6. 用小火加熱並快速攪勻後即熄火，成為濃稠的糊狀即可。

※白醬剛剛煮好時，會稍微流動，待冷卻後會更加濃稠。

基本調味→鹽、黑胡椒粉、荳蔻粉

　　美味的鹹派，得力於新鮮優質的食材，此外，適當的調味肯定會讓口感提升；無論何種口味的鹹派，都以最基本的「鹽」及「黑胡椒」來調味，恰到好處的鹹味、辛香開胃的黑胡椒粉，具有提味的作用。

　　但必須注意，口味濃淡的喜好及接受度卻因人而異，因此書中的鹽及黑胡椒所標示的用量，僅供參考；事實上，調味時完全可憑個人的料理經驗及口感偏好，直接撒上適量的鹽及黑胡椒粉即可，並非一定要使用標準量匙來計量。

　　當然，直接以黑胡椒粒（圖a）現磨成粉調味，其香氣肯定優於現成的罐裝黑胡椒粉，還有提出鹹味的鹽，其品質也必須講究。

a

　　除了基本的鹽及黑胡椒粉之外，另一項常用的荳蔻粉（Nutmeg），也是應用廣泛的香辛料；同樣的，以現磨現用為佳，才能保有馥郁香氣。因此，書中的鹹派成品所需的荳蔻粉，都是利用刨刀將荳蔻磨出適量細粉後撒在餡料內調味。

　　荳蔻（圖b）外型是灰棕色的橢圓形，長約2～3公分，直徑約1.5～2.5公分，質地堅硬，斷面呈棕色大理石紋，味道溫和，有一種特有的香辛味，可去腥提香，可用在肉類、乳酪、蛋類或甜點中調味，非常適合用於鹹派製作。如書中食譜並未使用荳蔻粉，讀者們也可依個人喜好額外添加。

　　如無法取得荳蔻粒，則直接選用市售現成的罐裝荳蔻粉（圖c）。

b

c

鹹派的常用材料

洋蔥、培根

　　鹹派的餡料調製，通常會利用爆香後的洋蔥，來增添其他材料的風味；無論只是當成配角的提味作用，或是當作派餡的「主料」，洋蔥都具備不可或缺的重要性。

　　而培根的使用率也非常高，一般都會與洋蔥搭配，經過拌炒後所釋放的香氣，可輕易提升鹹派的風味與可口度。

炒洋蔥

1. 要「爆香」前，必須先將洋蔥去皮後切成絲狀。

2. 再改刀切成約1公分的粒狀。

3. 將少許的無鹽奶油放入炒鍋中，用小火加熱融化。

4. 倒入洋蔥粒，要不停地炒，以免洋蔥燒焦。

5. 當洋蔥炒至透明狀，出現香氣時，即可接著放入其他材料拌炒。

炒培根

1. 將培根切成長條狀。

2. 再改刀切成約1公分的小片狀。

3. 將培根倒入炒鍋內，與炒香過的洋蔥，用小火一起拌炒。

4. 持續用小火拌炒，培根出現香氣，外觀有點縮小時即可。

5. 如只有培根單項材料需要炒香時，炒鍋內可不需放油，只要將切碎的培根入鍋，利用培根滲出的油脂，慢慢地炒香（如 p.122「洛林鹹派」）。

乳酪絲

書中的鹹派幾乎都會使用「乳酪絲」，一來為了增加濃郁風味，二來乳酪絲的黏稠性，可聚合鬆散的材料。

所謂的「乳酪絲」，大多是以馬芝瑞拉起士（Mozzarella Cheese）及切達起士（Chaddar Cheese）兩種起士，刨成絲狀後混合而成，在一般超市均有販售。通常用於披薩製作，撒在表面當作配料，高溫烘烤後即會融化「牽絲」。

用量可增減→

食譜中凡用到乳酪絲者，其分量可依個人喜好做增減，未必要照著材料標示的用量來製作。

格魯耶爾起士（Gruyere Cheese）

產自於瑞士的知名乳酪，質地堅硬，適合焗烤，常用於「瑞士起士鍋」（Cheese Fondue）及法式洋蔥湯，味道濃郁，略帶鹹甜香氣；使用時，可利用刨刀將乳酪刨成片狀、條狀或屑狀，直接搭配鹹派的餡料，非常美味。

馬芝瑞拉起士（Mozzarella Cheese）

為義大利知名的起士，冷食或熱食各有不同的口感美味；因特殊的製程，使得這款起士的內部組織呈現一條條的纖維狀；目前坊間的馬芝瑞拉起士有分新鮮與乾燥兩種型態，本書食譜所使用的是新鮮起士，這種新鮮起士通常浸在乳清中保存，質地柔軟，色澤潔白，適用於冷食的開胃菜或各式焗烤料理，加熱融化後會產生「牽絲」效果。

洋香菜葉（Parsley）

又稱為荷蘭芹、巴西里或洋芫荽，呈深綠色捲葉狀，味道溫和的香料植物，剁碎後可當成菜餚調味或裝飾用；如無法取得新鮮洋香菜葉，則選用一般罐裝的乾燥品。

蝦夷蔥（Chives）

又稱細香蔥，呈深綠色細長管狀，常用於西式、日式料理上，味道柔和，沒有一般的青蔥或洋蔥的嗆辣味，切成細末也可撒在焗烤料理上，提味兼裝飾，效果不錯。

節瓜（Zucchini）

亦稱為櫛瓜或筍瓜，有綠色及黃色的品種，質地細緻，不需去皮可直接料理；除了可做美味鹹派外，也適合當作義大利麵的配料或製成焗烤料理，是應用廣泛的食材。

鯷魚（Anchovies）

為鹽漬於油中的罐裝產品，鹹度非常高，質地細軟，用湯匙可輕易攪成泥狀，搭配其他材料可作成醬汁，例如：凱撒沙拉通常會以鯷魚醬汁提味，或是義大利麵、披薩及麵包沾醬的應用，增添口感的鹹香美味。

帕馬森乾酪

為義大利知名的乳酪，特有的碩大外型有如「大鼓」，重量可達數十公斤，表面印滿 "Parmigiano Reggiano" 的字樣，質地堅硬，奶香十足，並帶有濃郁乾果味，削成片狀或磨成細屑，直接搭配沙拉或義大利麵，可提升風味；也可搭配水梨、蘋果一起食用，或佐以紅酒風味絕佳。本書食譜所使用的帕馬森乾酪是市售切塊的分裝產品，使用前用刨刀磨碎即可，如無法取得時，可改用罐裝的帕瑪森起士粉，但兩者風味是有差別的。

黑橄欖

市面上有各種進口的黑橄欖罐頭，去籽整顆浸漬在鹽水中，可應用於西式餐點的配料，也可磨成泥狀，調味後做成麵包抹醬或當成沙拉佐料。

沙丁魚

油漬小沙丁魚（Baby Sardine）整尾罐裝，質地綿軟具鹹香味，直接食用或焗烤均適宜，通常應用於義大利麵的製作或製成開胃前菜，味道鮮美可口。

白蘆筍

書中這道食譜所採用的白蘆筍來自歐洲地區，長度約20公分，直徑約3～4公分，清脆鮮甜；除進口白蘆筍外，目前台灣也有栽種較細的白蘆筍，因此可依個人選購的方便性，採用各種蘆筍品種來製作，各有不同的美味。

雞豆（Cicer）

又稱鷹嘴豆、西西里豆及雞心豆等，富含植物蛋白質，常用於西式料理中；罐頭製品的雞豆，質地綿軟，可壓成雞豆泥加上調味料，製成各式料理，如使用乾的雞豆，則須以冷水浸泡數小時才易煮熟。

酸豆

酸豆的加工品，是以醋、水醃漬而成，質地軟容易磨碎，通常用於各式醬料、美奶滋或蛋黃醬的調味，或在肉類、海鮮、三明治及披薩的配料，微酸口感有開胃效果。

珍珠洋蔥（Pearl Onion）

目前坊間可買到白色及紅色的珍珠洋蔥，體積很小，呈2～3公分直徑的球型，適合用於整粒入菜燉煮，味道鮮甜爽口。

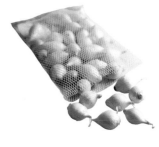

汆燙

「汆燙」是烹飪前將食材處理的一種方式，藉由汆燙過程可將食材稍微熟化，去除水分，質地穩定後，才有利於派餡製作。

蔬菜類及海鮮類食材頻繁用於鹹派中，此處的「蔬菜」泛指各種葉菜類、根莖類及各式菇類，而這些屬性不同的材料，其質地及水分含量各自不同；為了避免因加熱而滲出水分，影響鹹派品質，在派餡處理上，首先必須先將各式蔬菜分別汆燙。

而各式未經煮熟的海鮮，也內含水分，稍微汆燙加熱後，海鮮縮水後即「定型」；否則，如直接將海鮮製成餡料烘烤，不但會釋出水分，同時也容易出現腥味而影響口感品質。

汆燙方式

蔬菜類→

煮鍋中加入冷水及少許的鹽，加熱煮滾後，將蔬菜倒入鍋中，並用湯勺邊攪動，當鍋中的水再度沸騰時，即可撈出盛盤備用。

海鮮類→

海鮮倒入滾水中，並用湯勺邊攪動，只要瞬間加熱，海鮮即會縮小，便立刻撈出盛盤備用。

瀝乾＋擦乾

汆燙之後的材料，必須利用篩網將水分儘量瀝乾，要與其他材料拌合時，可用廚房紙巾將多餘的水分擦乾；材料儘量乾爽，才不會影響派餡的質地。

油漬的食材，取出用量後，也必須將多餘的油分瀝掉，並用廚房紙巾儘量擦乾。例如：油漬鮪魚、酸黃瓜及鯷魚等。

洛林鹹派

「洛林鹹派」（Quiche Lorraine）是經典的法式家常鹹派，用料簡單，可視為鹹派（Quiche）的基本款；除了必備的蛋奶醬汁外，頂多加上培根當作配料；由此延伸，加上增香提味的格魯耶爾起士，或是各式蔬果、海鮮及肉類等，即可做出千變萬化的法式鹹派。

使用派盤：
9吋活動派盤
1個（p.12）

材料

★油酥鹹派皮
- 低筋麵粉 150 克
- 鹽 1/4 小匙
- 無鹽奶油 65 克
- 全蛋 30 克
- 冷水 20 克

★餡料
- 培根 100 克
- 格魯耶爾起士（p.118 說明）50 克
- 鹽 1/2 小匙
- 黑胡椒粉 1/2 小匙
- 荳蔻粉 1/4 小匙

蛋奶醬汁→
- 全蛋 150 克
- 蛋黃 30 克
- 牛奶 150 克
- 動物性鮮奶油 150 克

做法

油酥鹹派皮：依 p.20~22 的做法製作派皮，並依 p.23~24 的做法，將派皮烤約 10~15 分鐘（半熟派皮）。

餡料：培根切成小片（約 1~2 公分），直接放入炒鍋中（鍋內不需放油），用小火煸炒，直到油脂滲出，培根稍微縮小、出現香氣時即熄火，瀝掉多餘油脂備用。

蛋奶醬汁：全蛋及蛋黃放入容器中，用打蛋器攪散，接著依序倒入牛奶及動物性鮮奶油，繼續用打蛋器以不規則方式攪勻，直到蛋液及液體材料完全融合，最後再用粗篩網過篩。

將培根鋪在做法①的派皮上，再將事先刨好的格魯耶爾起士（約 1/2 的分量）平均地鋪在培根上。

接著慢慢倒入蛋奶醬汁，再將剩餘的格魯耶爾起士平均地撒在表面，最後將鹽、黑胡椒粉及荳蔻粉均勻地撒在表面（也可在做法④時撒上鹽、黑胡椒粉及荳蔻粉）。

6　烤箱預熱後，以上火 190℃、下火 220℃烤約 25~30 分鐘左右，直到蛋奶醬汁烤成固態狀，表面呈金黃色即可。

趁熱品嚐，冷藏保存約 2~3 天

菠菜洋菇鹹派

事先將菠菜炒香，同時利用培根的香氣及洋菇的清甜，來增添整體的可口度，因此以大量菠菜製作，仍然非常討好。

使用派盤：
9吋活動派盤
1個 (p.12)

材料

★油酥鹹派皮
- 低筋麵粉 150 克
- 鹽 1/4 小匙
- 無鹽奶油 65 克
- 全蛋 30 克
- 冷水 20 克

★餡料
- 菠菜 300 克（只有葉子）
- 洋菇 80 克
- 培根 70 克（約 3 片）
- 鹽 1/2 小匙
- 黑胡椒粉 1/2 小匙
- 荳蔻粉 1/4 小匙
- 乳酪絲 (p.118 說明) 25 克

蛋奶醬汁→
- 全蛋 120 克
- 蛋黃 25 克
- 牛奶 120 克
- 動物性鮮奶油 120 克

油酥鹹派皮：依 p.20~22 的做法製作派皮，並依 p.23~24 的做法，將派皮烤約 10~15 分鐘（半熟派皮）。

餡料：儘量取菠菜葉子部分來製作，鍋中放入水及少許的鹽，煮滾後將洗乾淨的菠菜入鍋汆燙，變軟後立刻撈出瀝乾水分，放涼後再將多餘水分擠乾，切成約 2~3 公分的長度。

洋菇切成約 0.5 公分的片狀備用，培根切成小片（約 1~2 公分），直接放入炒鍋中（鍋內不需放油），用小火煸炒，直到油脂滲出，培根稍微縮小出現香氣時即熄火，盛出備用；接著鍋中放入約 10 克的無鹽奶油，用中火將菠菜炒香後即盛出備用；最後再用一點無鹽奶油將洋菇片炒軟備用。

蛋奶醬汁：依 p.112~113 的做法製作蛋奶醬汁，過篩後備用。

用廚房紙巾將培根多餘油脂擦乾，平均地鋪在做法①的派皮上，接著放入洋菇片，此時可撒上鹽及黑胡椒粉（材料中的部分用量），最後再將菠菜平均地鋪在表面，再撒上鹽、黑胡椒粉及荳蔻粉。

將蛋奶醬汁慢慢倒入派皮內，用橡皮刮刀輕輕地將菠菜攤開撥勻，最後平均地撒上乳酪絲（也可先鋪在菠菜表面）。

◎炒培根方式請看p.117的說明。
◎洋菇片炒軟後，如出現湯汁時，則可開大火來拌炒收汁。

7 烤箱預熱後，以上火 190℃、下火 220℃烤約 20~25 分鐘左右，直到蛋奶醬汁烤成固態狀，表面呈金黃色即可。

趁熱品嚐，冷藏保存約 2~3天

鳳梨蝦仁鹹派

微酸香甜中帶有鮮味十足的口感，是一道非常開胃又清爽的鹹派；而其中的乳酪絲具有融合潤滑之效，用量多寡，可隨個人喜好隨興添加。

材料

使用派盤：
9吋活動派盤
1個（p.12）

★ 油酥鹹派皮
- 低筋麵粉 150 克
- 鹽 1/4 小匙
- 無鹽奶油 65 克
- 全蛋 30 克
- 冷水 20 克

★ 餡料
- 新鮮鳳梨 250 克
- 新鮮蝦仁 125 克
- 洋蔥 100 克
- 乳酪絲 35 克
- 鹽 1/2 小匙
- 黑胡椒粉 1/2 小匙

蛋奶醬汁→
- 全蛋 100 克
- 蛋黃 20 克
- 牛奶 100 克
- 動物性鮮奶油 100 克

做法

1

油酥鹹派皮：依 p.20~22 的做法製作派皮，並依 p.23~24 的做法，將派皮烤約 10~15 分鐘（半熟派皮）。

2

餡料：新鮮鳳梨切成厚約 0.5~1 公分的塊狀備用，新鮮蝦仁洗乾淨剔掉腸泥，再倒入滾水內汆燙數秒鐘，當蝦仁變紅色即可撈出；洋蔥切成絲狀，炒鍋內放入約 10 克的無鹽奶油，用小火將洋蔥絲炒軟，盛出備用。

3

炒鍋內放入約 10 克的無鹽奶油，用中火將鳳梨塊炒香，濾掉多餘湯汁盛出備用。

4

蛋奶醬汁：依 p.112~113 的做法製作蛋奶醬汁，過篩後備用。

5

將洋蔥絲、鳳梨塊及蝦仁依序舖在派皮內，接著均勻地撒上鹽及黑胡椒粉。

6

最後撒上乳酪絲，再慢慢倒入蛋奶醬汁。

7 烤箱預熱後，以上火 190℃、下火 220℃烤約 25~30 分鐘左右，直到蛋奶醬汁烤成固態狀，表面呈金黃色即可。

趁熱品嚐，冷藏保存約 2~3 天

白醬雞肉鹹派

以雞肉為主料，再加上各式配料，並利用香濃滑順的白醬融合一體，既順口又美味；而其中的配料，變化性十足，也可加些海鮮提味，滋味更加豐富喔！

使用派盤：
8吋斜邊派盤
1個（p.12）

材料

★油酥鹹派皮
 低筋麵粉 250克
 鹽 1/2 小匙
 無鹽奶油 110 克
 全蛋 50 克
 冷水 35 克

★餡料
 馬鈴薯 150 克（去皮後）
 雞胸肉 250 克
 洋菇 100 克
 洋蔥 80 克
 培根 30 克（約 1 片）
 乳酪絲 50 克
 鹽 1/2 小匙
 黑胡椒粉 1/2 小匙
 全蛋 1 顆（刷派皮用）

白醬→
 無鹽奶油 35 g
 低筋麵粉 25 g
 牛奶 150 g

趁熱品嚐，
冷藏保存約
2~3天

做法

油酥鹹派皮：依 p.20 的做法製作派皮，並依 p.21~22 的做法，將派皮鋪在派盤上備用；剩餘的麵糰壓平後冷藏放置備用。

餡料：馬鈴薯去皮切成大塊蒸熟，放涼後切成 1~2 公分的丁狀；雞胸肉切成約 1~2 公分的丁狀；洋菇切成小塊；洋蔥及培根切碎備用。

白醬：依 p.114~115 的做法製作白醬，靜置一旁備用。

炒鍋內放入約 10 克的無鹽奶油，用小火將洋蔥炒軟，接著放入培根繼續用小火炒香，再盛出備用。

用小火將雞胸肉炒至變色，接著撒上材料中部分的鹽及黑胡椒粉，盛出備用。

用小火將洋菇炒軟湯汁滲出，熄火後接著倒入馬鈴薯丁、雞肉丁、洋蔥及培根，再將白醬全部倒入炒鍋內拌勻。

最後再撒上剩餘的鹽及黑胡椒粉，拌勻後的餡料非常乾爽，不會有多餘的湯汁，待稍微降溫後，倒入乳酪絲拌勻。

依 p.27 的做法製作另一張派皮。做法⑦的餡料冷卻後倒入做法①的派皮上，並用橡皮刮刀將餡料抹平。

依 p.27 的做法，將派皮覆蓋在餡料上，將派皮黏合，刮除邊緣多餘派皮，劃刀痕，刷蛋液。

10 烤箱預熱後，以上火 190~200℃、下火 230~240℃烤約 30 分鐘左右，直到派皮呈金黃色即可。

◎須將餡料的各項材料分別炒香，成品才會美味可口；在炒每一項材料時，可在炒鍋內放入少許的無鹽奶油。

◎雞胸肉炒好後，可先用鹽及黑胡椒粉調味，會更加美味；最後所有材料全部拌合後，再撒些鹽及黑胡椒粉，拌勻後再品嚐鹹度；但成品屬於雙皮派，因此建議鹹度可略鹹些較可口。

◎因餡料已煮熟，因此最後烘烤時只要將派皮烤熟上色即可。

瑪格麗特鹹派

這道鹹派發想於瑪格麗特（Margheritta）披薩，以義大利王后瑪格麗特（Margheritta）命名的披薩，是以紅番茄、馬芝瑞拉起士及羅勒葉所組成，這三種食材的顏色——紅、白、綠，象徵義大利國旗，可說是披薩的基本款；而應用在鹹派製作，同樣具有異曲同工之妙的美味喔！

使用派盤：
9吋活動派盤
1個 (p.12)

材料

★ 油酥鹹派皮
┌ 低筋麵粉 150 克
│ 鹽 1/4 小匙
│ 無鹽奶油 65 克
│ 全蛋 30 克
└ 冷水 20 克

★ 餡料
馬鈴薯 250 克（去皮後）
新鮮紅番茄 約 2 個
馬芝瑞拉起士 (p.118 說明) 125 克
羅勒葉 10 克
┌ 鹽 1/4 小匙
└ 黑胡椒粉 1/4 小匙
番茄糊（Tomato Puree）100 克

蛋奶醬汁→
全蛋 50 克
┌ 蛋黃 10 克
│ 牛奶 50 克
└ 動物性鮮奶油 50 克

做法

1. **油酥鹹派皮**：依 p.20~22 的做法製作派皮，並依 p.23~24 的做法，將派皮烤約 10~15 分鐘（半熟派皮）。

2. **餡料**：馬鈴薯去皮切成厚約 0.5 公分的片狀，蒸熟備用。新鮮紅番茄橫切後，用刀子將番茄籽及水分去除，再切成厚約 0.5 公分的片狀。馬芝瑞拉起士切成厚約 0.5 公分的片狀備用。

3. **蛋奶醬汁**：依 p.112~113 的做法製作蛋奶醬汁，過篩後備用。

將番茄糊均勻地抹在派皮上，接著將蒸熟的馬鈴薯片舖滿在番茄糊上。

5. 將番茄片及馬芝瑞拉起士片交錯舖滿，將羅勒葉用手撕碎舖在表面。

6. 接著慢慢倒入蛋奶醬汁，撒上鹽及黑胡椒粉（亦可先倒入蛋奶醬汁內調勻）調味。

7. 烤箱預熱後，以上火 190℃、下火 220℃烤約 20~25 分鐘左右，直到蛋奶醬汁烤成固態狀即可。

趁熱品嚐，冷藏保存約 2~3天

南瓜山藥鹹派

南瓜與山藥同屬根莖類食材，而口感及風味各有特色，兩者搭配以煙燻鮭魚當做夾心餡，營養豐富又美味。

材料

使用派盤：
9吋活動派盤
1個 (p.12)

★ 油酥鹹派皮
- 低筋麵粉 150 克
- 鹽 1/4 小匙
- 無鹽奶油 65 克
- 全蛋 30 克
- 冷水 20 克

★ 餡料
- 南瓜 200 克（去皮後）
- 山藥 180 克（去皮後）
- 煙燻鮭魚 100 克
- 鹽 1/2 小匙
- 黑胡椒粉 1/2 小匙
- 荳蔻粉 1/4 小匙
- 乳酪絲 65 克

蛋奶醬汁 →
- 全蛋 50 克
- 蛋黃 10 克
- 牛奶 50 克
- 動物性鮮奶油 50 克

做法

油酥鹹派皮：依 p.20~ 22 的做法製作派皮，並依 p.23~24 的做法，將派皮烤約 10~15 分鐘（半熟派皮）。

餡料：南瓜及山藥切成厚約 0.5 公分的片狀，放入蒸鍋內蒸熟；冷卻後再將山藥切成條狀備用。

趁熱品嚐，冷藏保存約 2~3天

蛋奶醬汁：依 p.112~ 113 的做法製作蛋奶醬汁，過篩後備用。

將蒸熟的南瓜片舖滿在做法①的派皮上，煙燻鮭魚切成條狀舖在南瓜片上，再將山藥條舖在表面。

鹽、黑胡椒粉及荳蔻粉均勻地撒在表面，接著慢慢倒入蛋奶醬汁，最後撒上乳酪絲。

6　烤箱預熱後，以上火 190℃、下火 220℃烤約 20~25 分鐘左右，直到蛋奶醬汁烤成固態狀，乳酪絲融化呈金黃色即可。

青花菜鮮美鹹派

參見DVD示範

毫無疑問，這道鹹派的「鮮美」得力於提鮮的透抽，當然也可改由花枝來製作；青花椰菜的細嫩與軟Q的透抽，兩者不同的咀嚼感，激盪出不平凡的好味道。

使用派盤：
9吋活動派盤
1個 (p.12)

★ **材料**

★ 油酥鹹派皮
- 低筋麵粉 150 克
- 鹽 1/4 小匙
- 無鹽奶油 65 克
- 全蛋 30 克
- 冷水 20 克

★ 餡料
- 透抽 150 克
- 青花椰菜 150 克
- 鴻喜菇 75 克
- 乳酪絲 100 克
- 鹽 1/2 小匙
- 黑胡椒粉 1/2 小匙
- 荳蔻粉 1/4 小匙

蛋奶醬汁→
- 全蛋 50 克
- 蛋黃 10 克
- 牛奶 50 克
- 動物性鮮奶油 50 克

做法

油酥鹹派皮：依 p.20~22 的做法製作派皮，並依 p.23~24 的做法，將派皮烤約 10~15 分鐘（半熟派皮）。

餡料：透抽切成寬約 0.5 公分的圈狀，放入滾水中汆燙立刻撈出；煮鍋中的滾水加少許的鹽，將青花椰菜燙熟，撈起後滴乾水分備用。

蛋奶醬汁：依 p.112~113 的做法製作蛋奶醬汁，過篩後備用。

將透抽、青花椰菜、鴻喜菇及乳酪絲依序鋪在做法①的派皮上。

接著均勻地撒上鹽、黑胡椒粉及荳蔻粉，再慢慢倒入蛋奶醬汁。

6 烤箱預熱後，以上火 190℃、下火 210℃烤約 20~25 分鐘左右，直到蛋奶醬汁烤成固態狀，表面呈金黃色即可。

趁熱品嚐，冷藏保存約 2~3天

香濃蔬菜粒鹹派

綜合蔬菜粒製成派餡,其濃濃香氣來自
於油漬鮪魚及白乳酪,加上咀嚼時的
多汁及脆度,是一道爽口的鹹派。

使用派盤:
9吋活動派盤
1個(p.12)

材料

★油酥鹹派皮
低筋麵粉 150 克
鹽 1/4 小匙
無鹽奶油 65 克
全蛋 30 克
冷水 20 克

★餡料
油漬鮪魚罐頭 1 罐(約 170 克)
玉米粒(罐頭)80 克
紅甜椒 80 克
黃甜椒 80 克
小黃瓜 80 克
起士片 4 片
鹽 1/2 小匙
黑胡椒粉 1/2 小匙
乳酪絲 25 克

蛋奶醬汁→
全蛋 60 克
蛋黃 10 克
牛奶 50 克
動物性鮮奶油 50 克
白乳酪(p.57 說明)50 克

做法

1 **油酥鹹派皮：**依 p.20~22 的做法製作派皮，並依 p.23~24 的做法，將派皮烤約 10~15 分鐘（半熟派皮）。

趁熱品嚐，冷藏保存約 2~3 天

餡料：油漬鮪魚壓掉多餘的油脂、玉米粒儘量瀝掉多餘的水分，紅、黃甜椒及小黃瓜切成約 1 公分的丁狀。

蛋奶醬汁：依 p.112~113 的做法製作蛋奶醬汁，過篩後加入白乳酪攪勻備用。

4 將起士片平均地鋪在做法①的派皮上，接著分別倒入油漬鮪魚、玉米粒、紅甜椒、黃甜椒及小黃瓜。

5 撒上鹽及黑胡椒粉調味，慢慢倒入蛋奶醬汁，再平均地撒上乳酪絲。

6 烤箱預熱後，以上火 190℃、下火 220℃烤約 20~25 分鐘左右，直到蛋奶醬汁烤成固態狀，表面呈金黃色即可。

◎材料中的起士片即片狀的切達起士（Chaddar Cheese），通常用於三明治的製作，有各種口味可選擇，這道食譜是用原味的起士片製作。

◎也可將乳酪絲與玉米粒、紅甜椒、黃甜椒及小黃瓜粒先在容器內拌合後，再倒入派皮內。

◎材料含多種顆粒的蔬菜，為增加聚合效果，而將蛋奶醬汁中的蛋液稍微增加。

雙菇洋蔥鹹派

知名的法式洋蔥湯,即是將洋蔥絲耐心地炒到金黃色,當焦化後的香氣釋出後,
再與香濃的格魯耶爾起士融合,即是耐人尋味的好佳餚;同樣的製作原則用於
鹹派上,依然發揮誘人的美味。

使用派盤:
9吋活動派盤
1個 (p.12)

材料

★油酥鹹派皮
- 低筋麵粉 150 克
- 鹽 1/4 小匙
- 無鹽奶油 65 克
- 全蛋 30 克
- 冷水 20 克

★餡料
- 培根 25 克
- 洋蔥 350 克
- 杏鮑菇 180 克
- 洋菇 180 克
- 鹽 1/2 小匙
- 黑胡椒粉 1/2 小匙
- 荳蔻粉 1/4 小匙
- 格魯耶爾起士 (p.118 說明) 60 克

蛋奶醬汁→
- 全蛋 50 克
- 蛋黃 10 克
- 牛奶 50 克
- 動物性鮮奶油 50 克

做法

1　**油酥鹹派皮**：依 p.20~22 的做法製作派皮，並依 p.23~24 的做法，將派皮烤約 10~15 分鐘（半熟派皮）。

趁熱品嚐，冷藏保存約 2~3 天

2　**餡料**：培根切成小片（約 1~2 公分），洋蔥切成絲狀，杏鮑菇用手撕成條狀，洋菇切成厚約 0.5 公分的片狀。

3　炒鍋中放入約 10 克的無鹽奶油，倒入培根用小火煸炒，直到油脂滲出，接著倒入洋蔥絲，炒至洋蔥絲變成金黃色備用。

4　再用乾淨的炒鍋，放少許的無鹽奶油，將杏鮑菇以小火炒成金黃色，盛出備用；接著將洋菇片炒至變軟即熄火，再將杏鮑菇倒回鍋內。

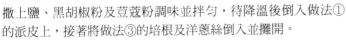

5　撒上鹽、黑胡椒粉及荳蔻粉調味並拌勻，待降溫後倒入做法①的派皮上，接著將做法③的培根及洋蔥絲倒入並攤開。

6　**蛋奶醬汁**：依 p.112~113 的做法製作蛋奶醬汁，過篩後倒入派皮內，最後撒上格魯耶爾起士絲。

◎做法③：要花較久時間將洋蔥炒成金黃色，因此必須放少量的無鹽奶油先炒培根，以免洋蔥焦化沾鍋。

7　烤箱預熱後，以上火 200℃、下火 220℃烤約 25~30 分鐘左右，直到蛋奶醬汁烤成固態狀，格魯耶爾起士絲融化呈金黃色即可。

綜合海鮮鹹派

綜合海鮮匯成最鮮甜的鹹派，汆燙後的海鮮湯汁，更可取代蛋奶醬汁中的牛奶，而呈現迷人鮮味；可依個人喜好，變換不同的海鮮種類。

使用派盤：
8吋高模活動派盤1個（p.12）

材料

★油酥鹹派皮
低筋麵粉 150 克
鹽 1/4 小匙
無鹽奶油 65 克
全蛋 30 克
冷水 20 克

★餡料
透抽 100 克
鱈魚 100 克
鮮蝦 150 克（帶殼）
蛤蜊 600 克（帶殼）
蟹肉棒 100 克
白花椰菜 150 克
洋香菜葉 10 克
鹽 1/2 小匙
黑胡椒粉 1/2 小匙
乳酪絲 70 克

蛋奶醬汁→
全蛋 100 克
蛋黃 20 克
海鮮湯汁 100 克
動物性鮮奶油 100 克

做法

1　**油酥鹹派皮**：依 p.20~22 的做法製作派皮，並依 p.23~24 的做法，將派皮烤約 10~15 分鐘（半熟派皮）。

趁熱品嚐，冷藏保存約 2~3 天

2　**餡料**：透抽及鱈魚分別切成小塊、鮮蝦剝殼後剔掉腸泥。煮鍋中放入水及少許的鹽，煮滾後分別將透抽、鱈魚塊及蝦仁稍微汆燙即盛出，接著將蛤蜊煮至外殼快要開口即熄火，利用餘溫蛤蜊口即會打開，撈出後將蛤蜊肉取出備用。將汆燙海鮮的湯汁秤出約 100 克備用。

3　煮鍋中放入水及少許的鹽，煮滾後將白花椰菜燙熟，撈出後滴乾水分備用。

4　**蛋奶醬汁**：依 p.112~113 的做法製作蛋奶醬汁，其中所需的牛奶，改用海鮮湯汁製作，將蛋液、海鮮湯汁及動物性鮮奶油全部混合攪勻後，過篩備用。

5

將做法②的所有海鮮倒入做法①的派皮上，接著倒入燙熟的白花椰菜，並撒上約 2/3 分量的乳酪絲，再倒入蛋奶醬汁，最後將蟹肉棒環繞鋪排在表面，並撒上剩餘的乳酪絲及剁碎的洋香菜葉。

6　烤箱預熱後，以上火 190℃、下火 220℃ 烤約 25~30 分鐘左右，直到蛋奶醬汁烤成固態狀，乳酪絲融化呈金黃色即可。

◎海鮮及花椰菜的燙熟速度不同，因此必須各別汆燙，瀝乾水分後，儘量再用廚房紙巾擦乾，以免影響蛋奶醬汁的凝結效果。

薯泥培根鹹派

大量的薯泥填滿整個派皮上，做成一顆顆的蛋型，製成討好的視覺效果，
而單純的薯泥口感，除了靠基本調味增添風味外，
其中的酸奶油則是不可少的秘密武器。

使用派盤：
9吋活動派盤
1個（p.12）

材料

★ 油酥鹹派皮
- 低筋麵粉 150 克
- 鹽 1/4 小匙
- 無鹽奶油 65 克
- 全蛋 30 克
- 冷水 20 克

★ 餡料
- 培根 50 克（約 2 片）
- 馬鈴薯 350 克（去皮後）
- 鹽 1/2 小匙
- 黑胡椒粉 1/2 小匙
- 酸奶油（Sour Cream） 100 克
- 乳酪絲 65 克
- 洋香菜葉（Parsley） 1 大匙

蛋奶醬汁→
- 全蛋 75 克
- 蛋黃 15 克
- 牛奶 75 克
- 動物性鮮奶油 75 克
- 鹽 1/4 小匙
- 黑胡椒粉 1/4 小匙

做法

1

油酥鹹派皮：依 p.20~22 的做法製作派皮，並依 p.23~24 的做法，將派皮烤約 10~15 分鐘（半熟派皮）。

2

餡料：培根切成小片（約 1 公分），直接倒入炒鍋中（不用放油），用小火炒香，直到油脂滲出，再用廚房紙巾將油脂擦乾。

3

馬鈴薯切成片狀再蒸熟，趁熱壓成泥狀，待降溫後倒入酸奶油拌勻，接著加入鹽及黑胡椒粉調味，最後將培根末倒入拌勻。

4

蛋奶醬汁：依 p.112~113 的做法製作蛋奶醬汁，過篩後加入鹽及黑胡椒粉調味備用。

5

將做法③的薯泥分成約 18 等分，用手搓成蛋型，平均舖排在做法①的派皮上，接著慢慢倒入蛋奶醬汁，最後撒上剁碎的洋香菜葉及乳酪絲。

6　烤箱預熱後，以上火 190℃、下火 220℃烤約 25~30 分鐘左右，直到蛋奶醬汁烤成固態狀，乳酪絲融化呈金黃色即可。

趁熱品嚐，冷藏保存約 2~3天

紅酒牛肉鹹派

參見DVD示範

牛肉以紅葡萄酒慢煮入味,同時利用蝦夷蔥及基本調味料提升香氣,即能呈現鮮美順口的滋味;皮酥餡香的雙皮派,絕對讓人獲得味蕾上的滿足。

使用派盤:
9吋活動派盤
1個(p.12)

材料

★油酥鹹派皮
┌ 低筋麵粉 250 克
│ 鹽 1/2 小匙
└ 無鹽奶油 110 克
全蛋 50 克
└ 冷水 35 克

★餡料
蝦夷蔥 15 克
┌ 大蒜 2 粒
└ 洋蔥丁 100 克
培根 25 克(約 1 片)
牛絞肉 300 克
紅葡萄酒 50 克
乳酪絲 100 克
┌ 鹽 1/2 小匙＋1/4 小匙
└ 黑胡椒粉 1/2 小匙
全蛋 1 個(刷派皮用)

做法

1. **油酥鹹派皮**：依 p.20 的做法製作派皮，並依 p.21~22 的做法，將派皮舖在烤盤上備用；剩餘的麵糰壓平後冷藏放置備用。

餡料：蝦夷蔥洗乾淨後用廚房紙巾擦乾水分，再切成細末備用；大蒜及洋蔥粒切碎放在一起，培根切成小片。

3. 炒鍋內放入約 10 克的無鹽奶油，用小火將大蒜及洋蔥粒炒香炒軟，接著放入培根，炒至香氣釋出，再倒入牛絞肉用中小火炒熟，當牛絞肉顏色變白即倒入紅酒繼續拌炒，一直炒到湯汁快要收乾時即熄火，接著加入鹽及黑胡椒粉調味。

4. 最後加入蝦夷蔥拌勻，待牛絞肉降溫後再倒入乳酪絲拌勻，完全冷卻後再倒入做法①的派皮上，並用橡皮刮刀攤開稍微壓平。

5. 依 p.27 的做法，將剩餘的麵糰擀成厚約 0.3~0.4 公分的麵皮，用小刻模隨意刻出幾個孔洞，再輕輕地覆蓋在餡料上，將派皮邊緣黏合，再刮除邊緣多餘麵皮，可將切割下來的小麵皮黏在表面，再刷上均勻的蛋液。

6. 烤箱預熱後，以上火 190~200℃、下火 230~240℃烤約 30 分鐘左右，直到派皮呈金黃色即可。

趁熱品嚐，冷藏保存約 2~3 天

綜合蔬菜鹹派

利用蛋奶醬汁融合眾多蔬菜，其中的原味水煮蛋與美奶滋則能提升柔和甜味，因此任何不易出水的蔬果都能更換製作喔！

使用派盤：
8吋高模活動派
盤1個（p.12）

材料

★ 油酥鹹派皮
- 低筋麵粉 225 克
- 鹽 1/4 小匙＋1/8 小匙
- 無鹽奶油 100 克
- 全蛋 45 克
- 冷水 30 克

★ 餡料
- 南瓜 200 克
- 秋葵 100 克
- 水煮蛋 2 個
- 秀珍菇 100 克
- 玉米粒（罐頭）150 克
- 火腿 100 克
- 鹽 1/2 小匙
- 黑胡椒粉 1/2 小匙
- 荳蔻粉 1/4 小匙
- 美奶滋 適量

蛋奶醬汁→
- 全蛋 120 克
- 蛋黃 25 克
- 牛奶 120 克
- 動物性鮮奶油 120 克

146

1 油酥鹹派皮：依 p.20
~22 的做法製作派
皮，並依 p.23~24 的
做法，將派皮烤約
10~15 分鐘（半熟派
皮）。

趁熱品嚐，
冷藏保存約
2~3天

2 餡料：南瓜切成約 3~4 公分的小塊，蒸熟後瀝乾水分備用。煮鍋中加水及少
許的鹽，將秋葵燙熟，撈出瀝乾水分備用。另外的鍋中放入約 10 克的無鹽
奶油，將秀珍菇煎軟，此時可先撒一些鹽、黑胡椒粉及荳蔻粉（材料中的分
量）調味。

3 蛋奶醬汁：依 p.112~
113 的做法製作蛋奶醬
汁，過篩後備用。

4 將火腿切成小片平均地舖在做法①的派皮上，接著再分別倒入南瓜、玉米
粒（需瀝乾水分）、秀珍菇、切片的水煮雞蛋（厚約 0.3 公分）及切小段的
秋葵。

5 鹽、黑胡椒粉及荳蔻粉倒入蛋奶醬汁內調勻，再慢慢倒入餡料內，最後將美
奶滋來回擠在餡料上。

6 烤箱預熱後，以上火 190℃、下火 220℃烤約 25~30 分鐘左右，直到蛋
奶醬汁烤成固態狀即可。

四季豆干貝鹹派

四季豆與干貝的不同屬性，各有各的鮮甜感，組合成餡料，
是可預期的爽口美味。

使用派盤：
正方形活動派
盤1個（p.13）

材料

★油酥鹹派皮
- 低筋麵粉 150 克
- 鹽 1/4 小匙
- 無鹽奶油 65 克
- 全蛋 30 克
- 冷水 20 克

★餡料
- 四季豆 100 克
- 新鮮干貝 200 克
- 乳酪絲 50 克
- 鹽 1/2 小匙
- 黑胡椒粉 1/2 小匙
- 荳蔻粉 1/4 小匙

蛋奶醬汁→
- 全蛋 100 克
- 蛋黃 20 克
- 牛奶 100 克
- 動物性鮮奶油 100 克

1 油酥鹹派皮：依 p.20~22 的做法製作派皮，並依 p.23~24 的做法，將派皮烤約 10~15 分鐘（半熟派皮）。

2 餡料：四季豆摘掉頭尾，撕掉粗纖維。煮鍋中加水及少許的鹽，煮滾後將四季豆燙熟，撈出後滴乾水分，再切小段備用。

3

平底鍋內抹上一層均勻的無鹽奶油（材料外的分量），將新鮮干貝放入熱鍋內，煎至表層呈現金黃色即熄火。

4

蛋奶醬汁：依 p.112~113 的做法製作蛋奶醬汁，過篩後備用。

◎若使用冷凍的新鮮干貝，須待回溫退冰後，用廚房紙巾將水分擦乾，再放入鍋中煎熟。

5

將乳酪絲平均鋪在做法①的派皮上，再將煎好的干貝平均放在乳酪絲上，再將燙熟的四季豆鋪排均勻；鹽、黑胡椒粉及荳蔻粉倒入蛋奶醬汁內調勻，最後慢慢倒入派皮內。

6 烤箱預熱後，以上火 190℃、下火 220℃烤約 25~30 分鐘左右，直到蛋奶醬汁烤成固態狀即可。

趁熱品嚐，冷藏保存約 2~3天

新鮮鮭魚鹹派

為避免掩蓋新鮮鮭魚的鮮味，特別利用味道較清淡的玉米筍當作配料，而其中少量的洋蔥炒香後，更能提升鮭魚的甜味；軟中帶脆的整體口感，讓人百吃不膩喔！

使用派盤：
9吋活動派盤
1個 (p.12)

材料

★油酥鹹派皮

- 低筋麵粉 150 克
- 鹽 1/4 小匙
- 無鹽奶油 65 克
- 全蛋 30 克
- 冷水 20 克

★餡料

新鮮鮭魚 160 克
洋蔥 50 克
玉米筍 100 克
乳酪絲 50 克
洋香菜葉 (Parsley) 1 小匙
- 鹽 1/2 小匙
- 黑胡椒粉 1/2 小匙
- 荳蔻粉 1/4 小匙

蛋奶醬汁→

- 全蛋 100 克
- 蛋黃 20 克
牛奶 100 克
動物性鮮奶油 100 克

油酥鹹派皮：依 p.20~
22 的做法製作派皮，
並依 p.23~24 的做法，
將派皮烤約 10~15 分鐘
（半熟派皮）。

餡料：新鮮鮭魚切成小
塊，洋蔥切碎備用。煮
鍋中加水及少許的鹽，
煮滾後將玉米筍燙熟，
撈出後滴乾水分，再切
小段備用。

蛋奶醬汁：依 p.112~
113 的做法製作蛋奶醬
汁，過篩後備用。

炒鍋內放入約 10 克的無鹽奶油，用小火將洋蔥粒炒香炒軟，接著放入新鮮鮭魚，用中火將鮭魚炒至變
色約 8 分熟即熄火，再加入鹽、黑胡椒粉、荳蔻粉（材料中部分的分量）及洋香菜葉；待降溫後再加
入乳酪絲拌勻。

將餡料倒入做法①的派皮上，用橡皮刮刀攤開稍微壓平後，接著將玉米筍平均鋪滿，並均勻地撒上鹽、
黑胡椒粉及荳蔻粉，再慢慢倒入蛋奶醬汁。

6 　烤箱預熱後，以上火 190℃、下火 220℃
　　烤約 25~30 分鐘左右，直到蛋奶醬汁烤
　　成固態狀即可。

趁熱品嚐，
冷藏保存約
2~3天

通心麵鹹派

軟Q特性的「通心麵」(Gomiti)，當成派餡用料，頗能與其他材料融合，配上大量的花椰菜泥，成品口感格外香甜；通心麵久烤不爛的特性，絕對適合製成鹹派。

使用派盤：
9吋高模活動派盤1個 (p.12)

材料

★ 油酥鹹派皮
- 低筋麵粉 225 克
- 鹽 1/4 小匙＋1/8 小匙
- 無鹽奶油 100 克
- 全蛋 45 克
- 冷水 30 克

★ 餡料
通心麵 50 克
青花椰菜 150 克
白花椰菜 150 克
杏鮑菇 150 克
- 鹽 1 小匙
- 黑胡椒粉 1/2 小匙
乳酪絲 100 克
白醬→
無鹽奶油 35 克
低筋麵粉 25 克
牛奶 150 克

做法

油酥鹹派皮：依 p.20~22 的做法製作派皮，並依 p.25 的做法，將派皮烤約 15~20 分鐘（約八分熟）。

餡料：通心麵煮熟撈出後，立刻用冷水漂涼，再滴乾水分備用。青花椰菜及白花椰菜儘量取花球部分（梗部去掉外皮，可清炒食用）；煮鍋中加水及少許的鹽，煮滾後將青花椰菜及白花椰菜一起燙熟，撈出後滴乾水分，再用料理機絞碎。

將杏鮑菇切成約 2~3 公分的丁狀，鍋內放入約 10 克的無鹽奶油，用中小火將杏鮑菇炒軟備用。

白醬：依 p.114~115 的做法製作白醬，接著將做法②絞碎的花椰菜倒入白醬內，攪勻後分別再倒入杏鮑菇及通心麵，並撒上鹽及黑胡椒粉調味。

6 烤箱預熱後，以上火 200℃、下火 220℃烤約 20~25 分鐘左右，直到派皮烤成金黃色，乳酪絲融化呈金黃色即可。

待降溫後倒入約 1/2 分量的乳酪絲拌勻，將餡料倒入做法①的派皮上，用橡皮刮刀輕輕地攤開抹平，再撒上剩餘的乳酪絲。

◎因餡料已煮熟，只需將表面的乳酪絲烤融即可，因此派皮要先烤至八分熟。
◎青花椰菜及白花椰菜要絞碎前，儘量用廚房紙巾將水分擦乾。
◎如無法取得料理機，則儘量將青花椰菜及白花椰分別剁碎。

趁熱品嚐，冷藏保存約 2~3 天

節瓜鹹派

節瓜舖滿整個派皮上，每一口都可嚐到清甜的美味，營養滿分，回味無窮，是其他瓜類無可取代的好滋味。

使用派盤：
9吋活動派盤
1個 (p.12)

材料

★油酥鹹派皮
- 低筋麵粉 150 克
- 鹽 1/4 小匙
- 無鹽奶油 65 克
- 全蛋 30 克
- 冷水 20 克

★餡料
- 節瓜 250 克
- 鹽 1/4 小匙
- 黑胡椒粉 1/4 小匙
- 洋蔥絲 80 克
- 煙燻鮭魚 150 克
- 普羅旺斯香料 1 大匙
  (約 2 克)
- 鹽 1/2 小匙
- 黑胡椒粉 1/2 小匙
- 乳酪絲 50 克

蛋奶醬汁→
- 全蛋 100 克
- 蛋黃 20 克
- 牛奶 100 克
- 動物性鮮奶油 100 克

做法

1 油酥鹹派皮：依 p.20~22 的做法製作派皮，並依 p.23~24 的做法，將派皮烤約 10~15 分鐘（半熟派皮）。

 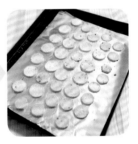

2 餡料：節瓜切成厚約 0.5 公分的片狀，撒上鹽及黑胡椒粉各 1/4 小匙拌勻，舖排在烤盤上，放入已預熱的烤箱內，用上、下火約 190℃ 烤約 10 分鐘。

3 煙燻鮭魚切成細條狀備用。鍋內放入約 10 克的無鹽奶油，用小火將洋蔥絲炒香炒軟，再倒入普羅旺斯香料拌勻即熄火，接著倒入煙燻鮭魚、鹽及黑胡椒粉攪拌均勻。

4 蛋奶醬汁：依 p.112~113 的做法製作蛋奶醬汁，過篩後備用。

趁熱品嚐，冷藏保存約 2~3 天

5 將餡料倒入做法①的派皮上，用橡皮刮刀攤開抹平，再將節瓜片舖滿在餡料上，接著將乳酪絲均勻地撒在表面，最後慢慢倒入蛋奶醬汁。

6 烤箱預熱後，以上火 200℃、下火 220℃ 烤約 25~30 分鐘左右，直到蛋奶醬汁烤成固態狀，乳酪絲融化呈金黃色即可。

◎普羅旺斯香料：是市售的罐裝綜合香料，內含芹菜葉、茴香草、山蘿蔔、荷蘭芹、茵陳蒿等，多用於西式料理調味；如無法取得時，則改用乾燥的洋香菜葉（Parsley）。

番茄牛肉鹹派

用大量的紅番茄及番茄糊製成「紅醬」，再與牛肉絲拌炒入味，去除肉腥味後，也能提出鮮甜香氣，另外帶點月桂葉與羅勒葉的香氣，讓整體口感增味不少喔！

材料

使用派盤：
9吋活動派盤
1個 (p.12)

★油酥鹹派皮
- 低筋麵粉 150 克
- 鹽 1/4 小匙
- 無鹽奶油 65 克
- 全蛋 30 克
- 冷水 20 克

★餡料
- 新鮮紅番茄 200 克
  （去皮去籽後）
- 洋蔥丁 50 克
- 大蒜末 5 克
- 番茄糊 (Tomato Puree) 100 克
- 月桂葉 2~3 片
- 牛肉絲 250 克
- 新鮮羅勒葉（切碎）10 克

- 鹽 1/2 小匙
- 黑胡椒粉 1/2 小匙
- 乳酪絲 150 克

做法

1

油酥鹹派皮：依 p.20~22 的做法製作派皮，並依 p.25 的做法，將派皮烤約 15~20 分鐘（約八分熟）。

2

餡料：新鮮紅番茄切十字刀口，放入滾水中加熱約 2 分鐘即熄火；剝除外皮再橫剖成 2 塊，用刀剔掉番茄籽，再切成約 2 公分的丁狀備用。

3

鍋內放入約 10 克的無鹽奶油，用小火將洋蔥丁及大蒜末炒香炒軟，再倒入番茄糊拌炒，並加入番茄丁炒勻。

4

接著加入月桂葉及牛肉絲，繼續用中小火煮至牛肉絲變軟，湯汁快要收乾時即熄火，接著倒入鹽、黑胡椒粉及羅勒葉拌勻。

◎因餡料已煮熟，只需將表面的乳酪絲烤融即可，因此派皮要先烤至八分熟。

5

待餡料降溫後，將約 1/3 的乳酪絲加入拌勻，再倒入做法①的派皮上，最後再將剩餘的乳酪絲舖滿在餡料上。

6 烤箱預熱後，以上火 210℃、下火 220℃烤約 15~20 分鐘左右，直到乳酪絲融化呈金黃色即可。

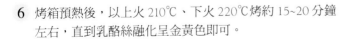

趁熱品嚐，冷藏保存約 2~3 天

157

鯷魚番茄鹹派

略帶酸甜味的小番茄是這道鹹派的主料，藉由鹹香味的鯷魚與濃郁奶味的帕馬森乾酪，提升口感的豐富層次，當成主餐前的配菜，非常開胃喔！

使用派盤：
7吋蛋糕烤模
1個（p.13）

材料

★ 油酥鹹派皮
- 低筋麵粉 150 克
- 鹽 1/4 小匙
- 無鹽奶油 65 克
- 全蛋 30 克
- 冷水 20 克

★ 餡料

小番茄 350 克
杏鮑菇 100 克
洋蔥 85 克
鯷魚（p.119 說明）15 克
（去油後）
- 鹽 1/2 小匙
- 黑胡椒粉 1/2 小匙
- 荳蔻粉 1/4 小匙
乳酪絲 50 克

蛋奶醬汁 →
- 全蛋 120 克
- 蛋黃 25 克
牛奶 120 克
動物性鮮奶油 120 克
帕馬森乾酪 25 克

做法

油酥鹹派皮：依 p.20~22 的做法製作派皮，並依 p.23~24 的做法，將派皮烤約 10~15 分鐘（半熟派皮）。

餡料：將小番茄切半、杏鮑菇切小塊、洋蔥及鰻魚切碎（鰻魚也可用小湯匙壓碎）備用。

◎這道鹹派是用固定圓模烘烤，為方便成品脫模，因此派皮底部必須墊上鋁箔紙。
◎可將小番茄用滾水汆燙，去掉外皮再切半製作。

鍋內放入約 10 克的無鹽奶油，用小火將洋蔥粒炒香炒軟，接著放入小番茄拌炒數下，再倒入杏鮑菇，用中火續炒至小番茄的外皮出現皺紋即熄火。

接著加入鹽、黑胡椒粉、荳蔻粉及鰻魚調味。

蛋奶醬汁：依 p.112~113 的做法製作蛋奶醬汁，過篩後刨入帕馬森乾酪備用。

將做法④的餡料倒入做法①的派皮內，並撒上乳酪絲，再慢慢倒入蛋奶醬汁。

7 烤箱預熱後，以上火 190℃、下火 220℃烤約 25~30 分鐘左右，直到蛋奶醬汁烤成固態狀，乳酪絲融化呈金黃色即可。

趁熱品嚐，冷藏保存約 2~3天

沙丁魚黑橄欖鹹派

這道鹹派的主料是大量的馬鈴薯泥及馬芝瑞拉起士，雖然都是清淡的味道，但藉由重口味的黑橄欖及鹹香的沙丁魚提味後，整體風味顯得更加迷人，尤其佐以不甜的白酒，吃進嘴裡的滿足感，回味無窮喔！

使用派盤：
9吋活動派盤
1個（p.12）

材料

★油酥鹹派皮
- 低筋麵粉 150 克
- 鹽 1/4 小匙
- 無鹽奶油 65 克
- 全蛋 30 克
- 冷水 20 克

★餡料
- 馬鈴薯 150 克（去皮後）
- 黑橄欖（罐頭）25 克
- 馬芝瑞拉起士（p.118 說明）100 克
- 新鮮迷迭香 1/2 小匙
- 沙丁魚（p.120 說明）8 小條
- 鹽 1/2 小匙
- 黑胡椒粉 1/2 小匙
- 乳酪絲 15 克

白醬→
- 無鹽奶油 35 克
- 低筋麵粉 25 克
- 牛奶 150 克

做法

油酥鹹派皮：依 p.20~22 的做法製作派皮，並依 p.25 的做法，將派皮烤約 15~20 分鐘（8 分熟派皮）。

餡料：馬鈴薯去皮切成片狀再蒸熟，起鍋後趁熱壓成泥狀備用。黑橄欖切成厚約 0.2~0.3 公分的片狀。馬芝瑞拉起士切成約 3~4 公分的丁狀。新鮮迷迭香切成細末備用。

白醬：依 p.114~115 的做法製作白醬，煮好後加入迷迭香，並倒入馬鈴薯泥，用耐熱橡皮刮刀拌勻，接著加入黑橄欖片及馬芝瑞拉起士，最後加入鹽及黑胡椒粉調味。

將餡料倒入做法①的派皮上，用橡皮刮刀攤開抹平，再將沙丁魚平均鋪排在餡料表面，並用小湯匙將沙丁魚稍微壓入餡料內，最後撒上乳酪絲。

5 烤箱預熱後，以上火 210℃、下火 220℃烤約 15~20 分鐘左右，直到乳酪絲融化呈金黃色即可。

趁熱品嚐，
冷藏保存約
2~3天

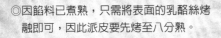

◎因餡料已煮熟，只需將表面的乳酪絲烤融即可，因此派皮要先烤至八分熟。

酪梨蝦仁鹹派

酪梨與蝦仁或蟹肉的組合,常應用於開胃菜,只要淋點橄欖油調製的醬汁,就是一道簡單又美味的料理;以這樣的搭配概念製成鹹派,又多了香滑濃郁的口感,乳酪的香氣融入在白醬的奶香中,真是討好味蕾!

材料

使用派盤:
9吋活動派盤
1個(p.12)

★油酥鹹派皮
- 低筋麵粉 150 克
- 鹽 1/4 小匙
- 無鹽奶油 65 克
- 全蛋 30 克
- 冷水 20 克

★餡料
酪梨(Avocados) 135 克(果肉)
- 橄欖油 1 大匙
- 鹽 1/4 小匙
- 黑胡椒粉 1/4 小匙
馬鈴薯 150 克(去皮後)
水煮蛋 2 個
大蝦仁 125 克(約 14 隻)
- 鹽 1/2 小匙
- 黑胡椒粉 1/2 小匙
乳酪絲 50 克
美奶滋 65 克

白醬→
無鹽奶油 40 克
低筋麵粉 30 克
牛奶 175 克

做法

1　**油酥鹹派皮**：依 p.20~22 的做法製作派皮，並依 p.25 的做法，將派皮烤約 15~20 分鐘（約八分熟）。

趁熱品嚐，冷藏保存約 2~3 天

2　**餡料**：要選用熟透的酪梨，剖開後將籽挖除，並將外皮剝掉，將果肉切成厚約 0.4~0.5 公分的片狀，再拌入約 1 大匙的橄欖油、1/4 小匙的鹽及黑胡椒粉（這部分的調味也可省略），混勻後靜置備用。

3　馬鈴薯去皮切成 3~4 公分的丁狀再蒸熟，起鍋後瀝掉多餘的水分備用；水煮蛋切成小塊備用。

4　蝦仁洗乾淨剔掉腸泥，並用廚房紙巾擦乾水分；鍋內放入約 10 克的無鹽奶油，將蝦仁煎至兩面變色即盛出備用。

5　**白醬**：依 p.114~115 的做法製作白醬，煮好後加入馬鈴薯丁及水煮蛋，拌勻後接著加入鹽及黑胡椒粉調味，最後倒入美奶滋拌勻。

6　將做法⑤的餡料倒入做法①的派皮上，用橡皮刮刀攤開抹平，接著將酪梨片及蝦仁交錯舖排在餡料上，最後均勻地撒上乳酪絲（中心部分撒多一點）。

　烤箱預熱後，以上火 210℃、下火 220℃ 烤約 15~20 分鐘左右，直到乳酪絲融化呈金黃色即可。

◎因餡料已煮熟，因此最後烘烤時只要將派皮烤熟上色即可。

咖哩雞肉鹹派

有別於p.128的「白醬雞肉鹹派」，這道咖哩口味的雞肉派，
也是許多人喜愛的滋味；同樣以雙皮派包覆美味，
但兩者風味大有不同喔！

使用派盤：
9吋活動派盤
1個（p.12）

材料

★油酥鹹派皮
低筋麵粉 250克
鹽 1/2 小匙
無鹽奶油 110克
全蛋 50克
冷水 35克

★餡料
馬鈴薯 80克
紅蘿蔔 50克
雞胸肉 250克
洋蔥 100克
咖哩塊 35克
水 100克
鹽 1/2 小匙
黑胡椒粉 1/2 小匙
乳酪絲 50克
全蛋 1顆（刷派皮用）

做法

1　**油酥鹹派皮**：依 p.20 的做法製作派皮，並依 p.21~22 的做法，將派皮鋪在派盤上備用；剩餘的麵糰壓平後冷藏放置備用。

2　**餡料**：將馬鈴薯去皮切成約 3 公分左右的丁狀，蒸熟備用。紅蘿蔔去皮切成約 2 公分的丁狀，倒入滾水中煮熟備用。

3　雞胸肉切成約 3~4 公分的丁狀備用。鍋內放入約 10 克的無鹽奶油，用小火將洋蔥丁炒香炒軟，接著倒入雞胸肉，用中小火炒至變白色，再加入咖哩塊拌炒。

4　接著倒入約 100 克的水，用中小火煮滾，同時不停地攪拌，再倒入馬鈴薯及紅蘿蔔，持續用小火加熱，煮至湯汁快要收乾時即熄火，加入鹽及黑胡椒粉調味。

5　待餡料冷卻後，倒入乳酪絲拌勻，再倒入做法①的派皮上，並用橡皮刮刀將餡料抹平。

6　依 p.27 的做法製作另一張派皮，將派皮覆蓋在餡料上、將派皮黏合、刮除邊緣多餘派皮，再用叉子輕輕地叉洞，並刷上蛋液。

7　烤箱預熱後，以上火 190~200℃、下火 230~240℃ 烤約 30 分鐘左右，直到派皮呈金黃色即可。

趁熱品嚐，冷藏保存約 2~3天

◎因餡料已煮熟，因此最後烘烤時只要將派皮烤熟上色即可。

白蘆筍南瓜鹹派

以蘆筍入「派」，絕對是討好味蕾的素材，
無論品種、粗細或大小，都各有不同的口感風味；
在蘆筍產季時，可要好好運用這項優質蔬菜囉！

材料

使用派盤：
正方形活動派
盤1個(p.13)

★油酥鹹派皮
- 低筋麵粉　150 克
- 鹽　1/4 小匙
- 無鹽奶油　65 克
- 全蛋　30 克
- 冷水　20 克

★餡料
南瓜　200 克
培根　60 克
洋蔥　100 克
新鮮白蘆筍 (任何品種均可)
150~170 克
- 鹽　1/2 小匙
- 黑胡椒粉　1/2 小匙
雞豆 (p.120 說明) 50 克
乳酪絲　50 克
洋香菜葉 (Parsley) 5 克

蛋奶醬汁→
- 全蛋　75 克
- 蛋黃　15 克
牛奶　75 克
動物性鮮奶油　75 克

做法

油酥鹹派皮：依 p.20~22 的做法製作派皮，並依 p.23~24 的做法，將派皮烤約 10~15 分鐘（半熟派皮）。

餡料：南瓜切成約 3~4 公分的小方塊，蒸熟備用。培根及洋蔥分別切碎備用。白蘆筍削掉粗纖維，縱切成 2 瓣，鍋中抹一層薄薄的無鹽奶油，將蘆筍煎至兩面呈金黃色，盛出備用。

鍋內放入約 10 克的無鹽奶油，用小火將洋蔥丁炒香炒軟，接著倒入培根，用小火將培根炒香。

將蒸熟的南瓜塊倒入鍋中，輕輕地炒勻後即加入鹽及黑胡椒粉調味，最後倒入洋香菜葉（切成細末）拌勻。

蛋奶醬汁：依 p.112~113 的做法製作蛋奶醬汁，過篩後備用。

將餡料倒入做法①的派皮上，用橡皮刮刀攤開抹勻（不用壓緊），接著均勻地撒上雞豆，並鋪上白蘆筍。

最後撒上乳酪絲，再慢慢地倒入蛋奶醬汁。

8　烤箱預熱後，以上火 190℃、下火 220℃烤約 20~25 分鐘左右，直到蛋奶醬汁烤成固態狀即可。

趁熱品嚐，冷藏保存約 2~3天

◎這道鹹派所採用的白蘆筍，個頭非常粗大，因此必須剖半煎至金黃色；如以較細的綠蘆筍製作，只要放入滾水中稍微氽燙即可。
◎蒸熟後的南瓜塊，質地非常濕軟，與鍋內其他材料攪拌時，不用刻意保持完整形狀，如呈現一坨坨的泥狀時，也不會影響成品口感。

甜椒鯷魚鹹派

將甜椒烘烤變軟後，所呈現的甜味更加飽滿，再以些許的鯷魚提味，帶出似有若無的鹹香，提升口感的豐富度。

材料

★ 油酥鹹派皮
- 低筋麵粉 150 克
- 鹽 1/4 小匙
- 無鹽奶油 65 克
- 全蛋 30 克
- 冷水 20 克

使用派盤：
9吋活動派盤
1個 (p.12)

★ 餡料
- 紅甜椒 100 克
- 黃甜椒 100 克
- 碗豆莢（荷蘭豆）50 克
- 乳酪絲 65 克
- 鯷魚 (p.119 說明) 15 克
- 鹽 1/2 小匙
- 黑胡椒粉 1/2 小匙
- 洋香菜葉（Parsley）5 克

白醬→
- 無鹽奶油 35 克
- 低筋麵粉 25 克
- 牛奶 150 克

蛋奶醬汁→
- 全蛋 50 克
- 蛋黃 10 克
- 牛奶 50 克
- 動物性鮮奶油 50 克

做法

1 油酥鹹派皮：依 p.20~22 的做法製作派皮，並依 p.25 的做法，將派皮烤約 15~20 分鐘（約八分熟）。

趁熱品嚐，冷藏保存約 2~3天

2 餡料：紅甜椒及黃甜椒去籽後，舖在烤盤內，放入已預熱的烤箱中，以上、下火約 210~220℃，烤約 15 分鐘左右，直到外皮呈現皺紋即可。

3 待烤過的甜椒冷卻後，剝掉外皮，再切成條狀備用。

4 煮鍋中加水及少許的鹽，煮滾後將碗豆莢汆燙煮熟，盛出瀝乾水分備用。

5 白醬：依 p.114~115 的做法製作白醬，接著將紅甜椒及黃甜椒拌入攪勻，再分別加入捏碎的鯷魚及碗豆莢。

◎做法②：要將甜椒外皮剝掉，除了以烤箱烘烤外，也可將甜椒放在網架上，直接在瓦斯爐上烤熟；當甜椒外表變黑，並出現皺紋時即可。

6 加入鹽及黑胡椒調味，待餡料降溫後再倒入乳酪絲拌勻。

7 蛋奶醬汁：依 p.112~113 的做法製作蛋奶醬汁，過篩後備用。

8 將做法⑥的餡料倒入做法①的派皮內，用橡皮刮刀攤開抹勻，接著慢慢倒入蛋奶醬汁，最後撒上切碎的洋香菜葉。

9 烤箱預熱後，以上火 190℃、下火 220℃ 烤約 20~25 分鐘左右，直到蛋奶醬汁烤成固態狀即可。

蝦夷蔥起士鹹派

通常蝦夷蔥都是各式料理的配角，只要撒上一丁點，就能增添調味或裝飾效果；而這道鹹派，利用了大量的蝦夷蔥，於是成品在出爐的剎那，瀰漫的香氣實在誘人食慾喔！

材料

使用派盤：
9吋活動派盤
1個 (p.12)

★油酥鹹派皮
- 低筋麵粉 150 克
- 鹽 1/4 小匙
- 無鹽奶油 65 克
- 全蛋 30 克
- 冷水 20 克

★餡料
- 培根 25 克
- 洋蔥 80 克
- 蝦夷蔥 (p.119 說明) 20 克
- 馬鈴薯 180 克
- 馬芝瑞拉起士 150 克
- 酸豆 (p.120 說明) 15 克
- 鹽 1/2 小匙
- 黑胡椒粉 1/2 小匙
- 乳酪絲 50 克

1 油酥鹹派皮：依 p.20~22 的做法製作派皮，並依 p.25 的做法，將派皮烤約 15~20 分鐘（約八分熟）備用。

2 餡料：培根及洋蔥切成約 2 公分的粒狀，蝦夷蔥切成細末備用。馬鈴薯（先蒸熟）及馬芝瑞拉起士切成約 3~4 公分的小方塊備用。

3 鍋內放入約 5 克的無鹽奶油，用小火將培根炒香炒軟，接著倒入洋蔥，炒至洋蔥變軟即熄火。

趁熱品嚐，冷藏保存約 2~3 天

4 分別倒入蒸熟的馬鈴薯塊，並加入鹽及黑胡椒粉調味，接著加入酸豆攪勻。

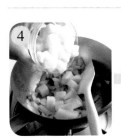

5 最後依序倒入馬芝瑞拉起士及蝦夷蔥細末，攪勻後倒入做法①派皮上，用橡皮刮刀攤開抹勻後，再撒上乳酪絲。

6 烤箱預熱後，以上火 210℃、下火 220℃烤約 15~20 分鐘左右，直到乳酪絲融化呈金黃色即可。

珍珠洋蔥鹹派

個頭非常迷你的「珍珠洋蔥」，當成主料整顆入派做餡料，無論外型還是品嚐時的口感，都非常討好；清爽的鮮甜滋味，無疑是鹹派的好素材。

材料

使用派盤：
9吋活動派盤
1個（p.12）

★ 油酥鹹派皮
- 低筋麵粉 150 克
- 鹽 1/4 小匙
- 無鹽奶油 65 克
- 全蛋 30 克
- 冷水 20 克

★ 餡料
- 西芹 150 克
- 珍珠洋蔥（p.120 說明）150 克
- 培根 40 克
- 酸黃瓜 30 克
- 乳酪絲 65 克

蛋奶醬汁→
- 全蛋 100 克
- 蛋黃 20 克
- 牛奶 100 克
- 動物性鮮奶油 100 克

做法

油酥鹹派皮：依 p.20~22 的做法製作派皮，並依 p.25 的做法，將派皮烤約 15~20 分鐘（約八分熟）。

餡料：用刨刀將西芹的粗纖維刮掉，切成約 3 公分的塊狀，煮鍋中加水及少許的鹽，煮滾後將西芹入鍋汆燙，盛出瀝乾水分備用。

將珍珠洋蔥的頭尾切掉，剝除外皮，再用清水洗乾淨備用；培根及酸黃瓜分別切碎備用。

鍋中放入約 10 克的無鹽奶油，用小火加熱融化後，倒入珍珠洋蔥拌炒約 2 分鐘，再倒入培根炒香，接著倒入西芹拌炒入味，熄火後倒入鹽及黑胡椒粉調味，最後倒入酸黃瓜。

蛋奶醬汁：依 p.112 ~113 的做法製作蛋奶醬汁，過篩後備用。

將做法④的餡料倒入做法①的派皮上，用橡皮刮刀將餡料攤開，接著均勻地撒上乳酪絲，再慢慢倒入蛋奶醬汁。

烤箱預熱後，以上火 190℃、下火 220℃ 烤約 20~25 分鐘左右，直到蛋奶醬汁烤成固態狀即可。

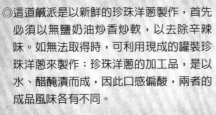

◎這道鹹派是以新鮮的珍珠洋蔥製作，首先必須以無鹽奶油炒香炒軟，以去除辛辣味。如無法取得時，可利用現成的罐裝珍珠洋蔥來製作；珍珠洋蔥的加工品，是以水、醋醃漬而成，因此口感偏酸，兩者的成品風味各有不同。

趁熱品嚐，冷藏保存約 2~3天

台北市

燈燦
103 台北市大同區民樂街 125 號
（02）2553-4495

生活集品（烘焙器皿）
103 台北市大同區太原路 89 號
（02）2559-0895

日盛（烘焙機具）
103 台北市大同區太原路 175 巷 21 號 1 樓
（02）2550-6996

洪春梅
103 台北市民生西路 389 號
（02）2553-3859

果生堂
104 台北市中山區龍江路 429 巷 8 號
（02）2502-1619

申崧
105 台北市松山區延壽街 402 巷 2 弄 13 號
（02）2769-7251

義興
105 台北市富錦街 574 巷 2 號
（02）2760-8115

正大（康定）
108 台北市萬華區康定路 3 號
（02）2311-0991

源記（崇德）
110 台北市信義區崇德街 146 巷 4 號 1 樓
（02）2736-6376

日光
110 台北市信義區莊敬路 341 巷 19 號 1 樓
（02）8780-2469

飛訊
111 台北市士林區承德路四段 277 巷 83 號
（02）2883-0000

得宏
115 台北市南港區研究院路一段 96 號
（02）2783-4843

菁乙
116 台北市文山區景華街 88 號
（02）2933-1498

全家（景美）
116 台北市羅斯福路五段 218 巷 36 號 1 樓
（02）2932-0405

基隆

美豐
200 基隆市仁愛區孝一路 36 號 1 樓
（02）2422-3200

富盛
200 基隆市仁愛區曲水街 18 號 1 樓
（02）2425-9255

嘉美行
202 基隆市中正區豐稔街 130 號 B1
（02）2462-1963

證大
206 基隆市七堵區明德一路 247 號
（02）2456-6318

新北市

大家發
220 新北市板橋區三民路一段 101 號
（02）8953-9111

全成功
220 新北市板橋區互助街 36 號（新埔國小旁）
（02）2255-9482

旺達
220 新北市板橋區信義路 165 號 1F
（02）2952-0808

聖寶
220 新北市板橋區觀光街 5 號
（02）2963-3112

佳佳
231 新北市新店區三民路 88 號
（02）2918-6456

艾佳（中和）
235 新北市中和區宜安路 118 巷 14 號
（02）8660-8895

安欣
235 新北市中和區連城路 389 巷 12 號
（02）2226-9077

全家（中和）
235 新北市中和區景安路 90 號
（02）2245-0396

馥品屋
238 新北市樹林區大安路 173 號
（02）8675-1687

鼎香居
242 新北市新莊區新泰路 408 號
（02）2998-2335

永誠
239 新北市鶯歌區文昌街 14 號
（02）2679-8023

崑龍
241 新北市三重區永福街 242 號
（02）2287-6020

今今
248 新北市五股區四維路 142 巷 15、16 號
（02）2981-7755

宜蘭

欣新
260 宜蘭市進士路 155 號
（03）936-3114

裕明
265 宜蘭縣羅東鎮純精路二段 96 號
（03）954-3429

桃園

艾佳（中壢）
320 桃園縣中壢市環中東路二段 762 號
（03）468-4558

家佳福
324 桃園縣平鎮市環南路 66 巷 18 弄 24 號
（03）492-4558

陸光
334 桃園縣八德市陸光街 1 號
（03）362-9783

櫻枋
338 桃園縣蘆竹鄉南上路 122 號
（03）212-5683

艾佳（桃園）
330 桃園市永安路 281 號
（03）332-0178

做點心過生活
330 桃園市復興路 345 號
（03）335-3963

新竹

永鑫
300 新竹市中華路一段 193 號
（03）532-0786

力陽
300 新竹市中華路三段 47 號
（03）523-6773

新盛發
300 新竹市民權路 159 號
（03）532-3027

萬和行
300 新竹市東門街 118 號（模具）
（03）522-3365

康迪
300 新竹市建華街 19 號
（03）520-8250

富讚
300 新竹市港南里海埔路 179 號
（03）539-8878

艾佳（竹北）
新竹縣竹北市成功八路 286 號
（03）550-5369

Home Box 生活素材館
320 新竹縣竹北市縣政二路 186 號
（03）555-8086

台中

總信
402 台中市南區復興路三段 109-4 號
（04）2220-2917

永誠
403 台中市西區民生路 147 號
（04）2224-9876

永誠
403 台中市西區精誠路 317 號
（04）2472-7578

德麥（台中）
402 台中市西屯區黎明路二段 793 號
（04）2252-7703

永美
404 台中市北區健行路 665 號（健行國小對面）
（04）2205-8587

齊誠
404 台中市北區雙十路二段 79 號
（04）2234-3000

利生
407 台中市西屯區西屯路二段 28-3 號
（04）2312-4339

辰豐
407 台中市西屯區中清路 151 之 25 號
（04）2425-9869

豐榮食品材料
420 台中市豐原區三豐路 317 號
（04）2522-7535

彰化

敬崎（永誠）
500 彰化市三福街 195 號
（04）724-3927

家庭用品店
500 彰化市永福街 14 號
（04）723-9446

億全
500 彰化市中山路二段 306 號
（04）726-9774

永誠
508 彰化縣和美鎮彰新路 2 段 202 號
（04）733-2988

金永誠
510 彰化縣員林鎮員水路 2 段 423 號
（04）832-2811

南投

順興
542 南投縣草屯鎮中正路 586-5 號
（04）9233-3455

信通行
542 南投縣草屯鎮太平路二段 60 號
（04）9231-8369

宏大行
545 南投縣埔里鎮清新里永樂巷 16-1 號
（04）9298-2766

嘉義

新瑞益（嘉義）
660 嘉義市仁愛路 142-1 號
（05）286-9545

雲林

新瑞益（雲林）
630 雲林縣斗南鎮七賢街 128 號
（05）596-3765

好美
640 雲林縣斗六市中山路 218 號
（05）532-4343

彩豐
640 雲林縣斗六市西平路 137 號
（05）534-2450

台南

瑞益
700 台南市中區民族路二段 303 號
（06）222-4417

富美
704 台南市北區開元路 312 號
（06）237-6284

世峰
703 台南市北區大興街 325 巷 56 號
（06）250-2027

玉記（台南）
703 台南市中西區民權路三段 38 號
（06）224-3333

永昌（台南）
701 台南市東區長榮路一段 115 號
（06）237-7115

永豐
702 台南市南區賢南街 51 號
（06）291-1031

銘泉
704 台南市北區和緯路二段 223 號
（06）251-8007

上輝行
702 台南市南區興隆路 162 號
（06）296-1228

佶祥
710 台南市永康區永安路 197 號
（06）253-5223

高雄

玉記（高雄）
800 高雄市六合一路 147 號
（07）236-0333

正大行（高雄）
800 高雄市新興區五福二路 156 號
（07）261-9852

新鈺成
806 高雄市前鎮區千富街 241 巷 7 號
（07）811-4029

旺來昌
806 高雄市前鎮區公正路 181 號
（07）713-5345-9

德興（德興烘焙原料專賣場）
807 高雄市三民區十全二路 101 號
（07）311-4311

十代
807 高雄市三民區懷安街 30 號
（07）381-3275

德麥（高雄）
807 高雄市三民區銀杉街 55 號
（07）397-0415

旺來興（明誠店）
804 高雄市鼓山區明誠三路 461 號
（07）550-5991

旺來興（總店）
833 高雄市鳥松區本館路 151 號
（07）370-2223

茂盛
820 高雄市岡山區前峰路 29-2 號
（07）625-9679

鑫隴
830 高雄市鳳山區中山路 237 號
（07）746-2908

屏東

啓順
900 屏東市民和路 73 號
（08）723-7896

裕軒（屏東店）
900 屏東市廣東路 398 號
（08）737-4759

裕軒（總店）
920 屏東縣潮州鎮太平路 473 號
（08）788-7835

四海（屏東店）
900 屏東市民生路 180-2 號
（08）733-5595

四海（潮州店）
920 屏東縣潮州鎮延平路 31 號
（08）789-2759

四海（恆春店）
945 屏東縣恆春鎮恆南路 17-3 號
（08）888-2852

四海（東港店）
928 屏東縣東港鎮光復路 2 段 1 號
（08）835-6277

四海（里港店）
905 屏東縣里港鄉里港路 121 號
（08）775-5539

台東

玉記（台東）
950 台東市漢陽北路 30 號
（089）326-505

花蓮

大麥
973 花蓮縣吉安鄉建國路一段 58 號
（03）846-1762

萬客來
970 花蓮市和平路 440 號
（03）836-2628

國家圖書館出版品預行編目資料

孟老師的甜派與鹹派 / 孟兆慶著.--初
版. -- 新北市：葉子，2013.04
　　面；　　公分.--（銀杏）

ISBN 978-986-6156-13-7（平裝附數
位影音光碟）

1.點心食譜

427.16　　　　　　　　　　102004169

銀杏Ginkgo

孟老師的甜派與鹹派

作　　者／孟兆慶
出　　版／葉子出版股份有限公司
發 行 人／葉忠賢
總 編 輯／閻富萍
美術設計／張明娟
攝　　影／孟兆慶
DVD 製作／宋嘉玲、陳天賜、林昀咨、黃正安
印　　務／許鈞棋

地　　址／新北市深坑區北深路三段 260 號 8 樓
電　　話／886-2-8662-6826
傳　　真／886-2-2664-7633
服務信箱／service@ycrc.com.tw
網　　址／www.ycrc.com.tw

印　　刷／威勝彩藝印刷事業有限公司
ＩＳＢＮ／978-986-6156-13-7
初版一刷／2013 年 4 月
初版五刷／2017 年 3 月
定　　價／新台幣 420 元

總 經 銷／揚智文化事業股份有限公司
地　　址／新北市深坑區北深路三段 260 號 8 樓
電　　話／886-2-8662-6826
傳　　真／886-2-2664-7633

廣 告 回 信
台 北 郵 局 登 記 證
台北廣字第03827號

222-04
新北市深坑區北深路三段260號8樓

揚智文化事業股份有限公司　　收

□□□-□□
地址：　　市縣　　鄉鎮市區　　路街　段　巷　弄　號　樓
姓名：

Leaves
Publishing

書號 **L5118**　　　　書名 **孟老師的甜派與鹹派**

葉子出版股份有限公司
讀・者・回・函

感謝您購買本公司出版的書籍。

為了更接近讀者的想法，出版您想閱讀的書籍，在此需要勞駕您詳細為我們填寫回函，您的一份心力，將使我們更加努力！！

1.姓名：＿＿＿＿＿＿＿＿＿＿

2.性別：□男　□女

3.生日／年齡：西元＿＿＿＿年＿＿＿＿月＿＿＿＿日＿＿＿＿歲

4.教育程度：□高中職以下□專科及大學□碩士□博士以上

5.職業別：□學生□服務業□軍警□公教□資訊□傳播□金融□貿易
　　　　　□製造生產□家管□其他＿＿＿＿＿＿

6.購書方式／地點名稱：□書店＿＿＿＿＿□量販店＿＿＿＿＿□網路＿＿＿＿＿□郵購＿＿＿＿＿
　　　　　　　　　　　□書展＿＿＿＿＿□其他＿＿＿＿＿

7.如何得知此出版訊息：□媒體＿＿＿＿＿□書訊＿＿＿＿＿□書店＿＿＿＿＿□其他＿＿＿＿＿

8.購買原因：□喜歡作者□對書籍內容感興趣□生活或工作需要□其他

9.書籍編排：□專業水準□賞心悅目□設計普通□有待加強

10.書籍封面：□非常出色□平凡普通□毫不起眼

11.E-mail：＿＿＿＿＿＿＿＿＿＿＿＿＿＿＿＿＿＿＿＿＿＿＿＿＿＿

12.喜歡哪一類型的書籍：＿＿＿＿＿＿＿＿＿＿＿＿＿＿＿＿＿＿＿＿＿＿＿

13.月收入：□兩萬到三萬□三到四萬□四到五萬□五到十萬以上□十萬以上

14.您認為本書定價：□過高□適當□便宜

15.希望本公司出版哪方面的書籍：＿＿＿＿＿＿＿＿＿＿＿＿＿＿＿＿＿＿

16.本公司企劃的書籍分類裡，有哪些書系是您感到興趣的？

　　□忘憂草（身心靈）□愛麗絲（流行時尚）□紫薇（愛情）□三色堇（財經）
　　□銀杏（健康）□風信子（旅遊文學）□向日葵（青少年）

17.您的寶貴意見：
＿＿＿＿＿＿＿＿＿＿＿＿＿＿＿＿＿＿＿＿＿＿＿＿＿＿＿＿＿＿＿＿＿＿＿

☆填寫完畢後，可直接寄回（免貼郵票）。
　我們將不定期寄發新書資訊，並優先通知您
　其他優惠活動，再次感謝您！！